U0251663

周 霏 ◎ 著

商业化变迁下历史街区的适应性研究

——以上海为例

本著作受上海工程技术大学学术著作出版专项资助

四川大学出版社
SICHUAN UNIVERSITY PRESS

项目策划：曾　鑫
责任编辑：曾　鑫
责任校对：孙滨蓉
封面设计：墨创文化
责任印制：王　炜

图书在版编目（CIP）数据

商业化变迁下历史街区的适应性研究 ：以上海为例 /
周霏著． — 成都 ：四川大学出版社，2021.10
ISBN 978-7-5690-3386-1

Ⅰ．①商… Ⅱ．①周… Ⅲ．①城市道路－城市规划－
适应性－研究－上海　Ⅳ．① TU984.191

中国版本图书馆 CIP 数据核字（2021）第 202376 号

书名　商业化变迁下历史街区的适应性研究——以上海为例

著　　者	周　霏
出　　版	四川大学出版社
地　　址	成都市一环路南一段 24 号（610065）
发　　行	四川大学出版社
书　　号	ISBN 978-7-5690-3386-1
印前制作	四川胜翔数码印务设计有限公司
印　　刷	成都金龙印务有限责任公司
成品尺寸	170mm×240mm
印　　张	7.75
字　　数	122 千字
版　　次	2021 年 11 月第 1 版
印　　次	2021 年 11 月第 1 次印刷
定　　价	48.00 元

◆ 读者邮购本书，请与本社发行科联系。
　电话：(028)85408408/(028)85401670/
　(028)86408023　邮政编码：610065
◆ 本社图书如有印装质量问题，请寄回出版社调换。
◆ 网址：http://press.scu.edu.cn

四川大学出版社
微信公众号

前　言

　　在 20 世纪二三十年代，上海被西方人称作"东方的巴黎（The Greatest
City of the Far East、Paris of the Orient.）"。而在 1924 年，日本作家村松梢
风在其所著的小说《魔都》一书中，将自己在上海感受到的复杂的意象，
用自创的"魔都"一词来指代上海。笔者作为从小在"魔都"石库门里成
长起来的一代，经历了上海 20 世纪 90 年代至今的城市更新，看到了城市历
史街区的不断萎缩、城市本土文化被不断注入的多元文化所异化。笔者在
日本留学期间，在学习日本城市发展经验的同时对上海的历史风貌保护区
进行了调查和研究，回国后继续对上海历史街区的保护、更新与治理开展
了进一步的调研，将历史街区中的"人"和"人性化"的理念作为研究的
重点。

　　上海不仅是一座国际化的大都市，而且是国务院公布的第二批国家历
史文化名城之一。早在 1991 年，上海市规划局就开始启动对上海市历史
文化名城保护规划的编制研究。上海作为近现代史迹型国家历史文化名
城，其历史文化名城保护工作以历史文化风貌区、历史文化名镇名村和各
级文物优秀历史建筑为重点，在空间分布上形成了城乡联系、"点线面"
结合、物质与非物质文化遗产相辉映的历史文化名城、遗产保护框架体
系。在上海市城市总体规划（2017—2035）纲要中提出了对于历史街区的
保护与开发需要"创新更新活化的政策机制"，即建立由政府、居民、开
发商和社会力量等共同参与保护利用的平台和机制；设立文化保护专项资
金，拓展灵活多元的保护资金来源，吸引民间资本参与保护；鼓励保护与
更新相结合，探索在规划管理、产权归属等方面的政策创新。

自 2000 年以来，随着上海市区"新天地""田子坊""思南公馆"等历史街区的商业开发，以及市郊越来越多"古村镇"在城市化变迁下的旅游发展，上海的城乡历史街区逐渐形成了半商业半居住的形态。虽然近年的大规模"拆违"和已有的政策法规在一定程度上保护了历史街区的原有风貌，但是不少历史建筑里依然存在着不少非正式的租赁关系，导致了"群租房"和"居改非"等现象的出现，使得一些历史建筑的商业改造对周边居民的居住安全和隐私保护产生影响；此外，一些历史街区的旅游开发加大了其周边的交通压力，增加了交通安全的隐患。因此，有必要在分析政策框架的基础上，通过实证调查探讨商业化变迁下历史街区的适应性问题，探索政府、居民、商户、社会之间的协同机制。

本书共分为六章。第一章绪论，主要提出商业化变迁下历史街区中存在的问题，梳理与"历史街区""商业开发"与"城市治理"相关的既有研究，并对研究报告的实证调查与研究设计进行说明。

第二章历史街区保护与开发的政策框架，介绍了自 20 世纪 80 年代以来，全国各地进行的城市化发展，在旧城改造和开发的过程中，一些历史街区遭到严重破坏。为了保护城市历史文化景观遗产不再遭受更大的破坏，国务院在 1982 年通过并实施《中华人民共和国文物保护法》，在 2008 年通过并实施了《历史文化名城名镇名村保护条例》，与此同时，一些地方政府也相继出台了地方性的历史风貌区保护条例。例如，北京在 1999 年公布了《北京旧城历史文化保护区保护和控制范围规划》，划定了 25 片历史文化保护区；上海在 2002 年制定了《上海市历史文化风貌区和优秀历史建筑保护条例》，划定了 44 片历史文化风貌区；武汉在 2012 年制定了《武汉市历史文化风貌区和优秀历史建筑保护条例》，划定了 16 片历史文化风貌区；等等。

第三章、第四章、第五章为实证部分，分别以上海衡山路—复兴中路历史风貌保护区、上海市郊五处"传统村落"和上海思南路历史街区三处对象地为例进行调查分析。

第三章以老洋房"居改非"的灰色地带，探讨历史街区中居住空间的

适应性。由于商业开发，一些原本以居住为主的历史街区逐渐形成了半商业半居住化的商住混合型模式。本章以上海衡山路—复兴中路历史风貌保护区为例，对商住混合型老洋房的利用现状、入住者情况、居住现状等进行调查与分析，探讨"居改非"现状下老洋房的居住空间、租赁关系和管理上存在的问题。

第四章以市郊历史街区被"半公开化"的居住环境为例，探讨历史街区中居住者的适应性。在城市化的背景下，商业开发已成为上海市郊历史街区保护的主要模式之一。本章以上海市郊五处"传统村落"为例，通过田野调查，分析了在商业开发过程中，原有人口结构、生活形态等发生的变化，探讨了市郊历史街区商业开发对原住民的居住环境产生的影响。

第五章以交通稳静化在"永不拓宽的街道"中的应用，探讨历史街区中街道的适应性。本章以探索城市历史街区安全和谐的交通环境为目的，通过对国内外交通稳静化应用的现状分析，探讨交通稳静化在中国历史名城和城市历史街区中的实施可行性。近年来，城市的不断发展与更新，一方面让历史街区渐渐成为城市中的旅游新地标，另一方面加大了历史街区及其周边的交通压力，增加了交通安全的隐患。由于"永不拓宽的街道"不可从规划施工等硬件上改变，只可在政策措施等软件上进行引导和管理。因此，交通稳静化可作为城市历史街区中交通治理的方案之一。

在政策分析和实证调研的基础上，第六章结论部分对商业化变迁给历史街区带来的利弊进行了总结和分析，结合国外已有的先行案例，建议在历史街区开发中重视市民的参与意识，通过市民的推动，形成政府—居民—商家—社会团体的多方参与、协同合作的保护管理模式。

笔者希望，本书能给对上海这座城市的历史、建筑、人文感兴趣的读者朋友带来一点点收获与惊喜。

本书难免有不足之处，敬请读者朋友批评指正。

笔者

二○二一年秋

目　录

第一章　绪论

本章主要提出商业化变迁下历史街区中存在的问题，梳理与"历史街区""商业开发"与"城市治理"相关的既有研究，并对研究报告的实证调查与研究设计进行说明。

第一节　问题的提出：历史街区的适应性

自 20 世纪 80 年代以来，各地的城市化发展，使得在旧城改造和开发的过程中部分历史街区遭到破坏。为了保护城市历史文化景观遗产不再遭受更大的破坏，国务院在 1982 年通过并实施《中华人民共和国文物保护法》（以下简称《文物保护法》），在 2008 年通过并实施了《历史文化名城名镇名村保护条例》。上海是 1986 年 12 月国务院公布的第二批国家历史文化名城之一。1991 年，上海市规划局开始研究上海市历史文化名城保护规划的编制，作为近现代史迹型的上海历史文化名城的保护工作，以历史文化风貌区、历史文化名镇名村和各级文物优秀历史建筑为重点，在空间分布上形成了城乡联系、"点线面"结合、物质与非物质文化遗产相辉映的历史文化名城、遗产保护框架体系。

2017 年 12 月 15 日国务院批复了《上海市城市总体规划（2017—

2035 年)》（以下简称"上海 2035"）；将上海定位为卓越的全球城市，令人向往的创新之城、人文之城、生态之城，具有世界影响力的社会主义现代化国际大都市；建设更富魅力的幸福人文之城，保护城市文化战略资源，划定文化保护控制线；逐级分类划定历史文化遗产、自然（文化）景观和公共文化服务设施三类文化保护控制线。其中，将历史文化遗产、自然（文化）景观中的保护范围划入紫线，实施严格的文化保护政策。建立文化保护控制线的定期评估与更新机制，逐步增补保护对象。具体提出了对于历史街区的保护与开发需要"创新更新活化的政策机制"，即建立由政府、居民、开发商和社会力量等共同参与保护利用的平台和机制。设立文化保护专项资金，拓展灵活多元的保护资金来源，吸引民间资本参与保护。鼓励保护与更新相结合，探索在规划管理、产权归属等方面的政策创新。

自 2000 年以来，随着上海市区"新天地""田子坊""思南公馆"等历史街区的商业开发，以及市郊越来越多"古村镇"在城市化变迁下的旅游发展，上海的城乡历史街区逐渐形成了半商业半居住的形态。虽然近年的大规模"拆违"和已有的政策法规在一定程度上保护了历史街区的原有风貌，但是由于监管机制的不够完善，不少历史建筑里依然存在着不少非正式的租赁关系，导致了"群租房"和"居改非"等现象的出现，使得一些历史建筑的商业改造对周边居民的居住安全和隐私保护产生影响；此外，对一些历史街区的旅游开发加大了其周边的交通压力，增加了交通安全的隐患。因此，有必要在分析政策框架的基础上，通过实证调查探讨商业化变迁下历史街区的适应性问题，探索政府、居民、商户、社会之间的协同机制。

第二节 研究语境："历史街区""商业开发"与"城市治理"

一、既有研究

1996 年"黄山会议"明确指出了"历史街区的保护已经成为保护历

史文化遗产的重要一环"。2016 年 7 月国家住房城乡建设部办公厅印发了关于《历史文化街区划定和历史建筑确定工作方案》的通知，明确了加强历史文化街区和历史建筑保护，延续城市文脉，提高新型城镇化质量，推动我国历史文化名城保护的重要性。

"历史街区"一词最初由 1933 年 8 月国际现代建筑学会在雅典通过的《雅典宪章》提出，1986 年，国务院公布第二批国家级历史文化名城时正式确立了"历史街区"的概念。从 20 世纪 80 年代开始，历史街区的保护从单纯的投入式保护，发展到了保护与利用相结合。通过梳理文献可知，历史街区保护与开发的相关研究大体可以分为三类：一是发展居住功能，二是通过土地置换和功能重组发展工商业，三是发展现代旅游业来带动历史街区复兴。其中，国外学者主要从经济、社会、文化等角度对于历史街区商业或旅游开发给带来的"利与弊"进行了探讨，例如，Tiesdell（1995）在 *Tensions between revitalization and conservation* 中提出了文化产业引导历史街区复兴[①]；Strange（1996）在 *Local politics，new agendas and strategies for change in English historic cities* 中分析了英国发展旅游业带动历史街区复兴，达到地方经济与政治的平衡的案例；[②] Orbas,Li（2001）在 *Tourists in historic towns* 中阐述了历史街区保护与遗产管理之间的关系中；[③] Tweed（2007）在 *Built cultural heritage and sustainable urban development* 中讨论了现有的城市复兴方法的缺点，并建议通过了解人们怎样与城市环境及其遗产相互作用来克服这些问题。[④] 宗田好史（2000）的《にぎわいを呼ぶイタリアのまちづくり—歴史的景

① Tiesdell S. Tensions between revitalization and conservation：Nottingham's Lace Market [J]. Cities，1995，12（4）：231－241.

② Strange I. Local politics，new agendas and strategies for change in English historic cities [J]. Cities，1996，13（6）：431－437.

③ Orbas,Li A. Tourists in historic towns：urban conservation and heritage management [J]. URBAN DESIGN International，2001，6（2）：113－114.

④ Tweed C.，Sutherland M. Built cultural heritage and sustainable urban development [J]. Landscape&Urban Planning，2007，83（1）：62－69.

観の再生と商業政策》① 和西村幸夫（2008）的《地域の歴史と文化を活かしたまちづくりへ向けて》分别对意大利和日本的历史街区商业开发现状做了分析②；Taylor（2016）在 *The historic urban landscape paradigm and cities as cultural landscapes* 中分析了城市文化景观在城市历史街区保护中的重要性③；等等。

国内学者主要对历史街区的保护和商业开发的现状以及城市治理中的公众参与进行了探讨。例如，王骏、王林（1997）在《历史街区的持续整治》中提出了文化与经济、传统与现代、整治与资金之间的矛盾④；阮仪三（2000）在《历史街区的保护及规划》⑤、（2004）《对于我国历史街区保护实践模式的剖析》中分析了福州、上海、北京等城市在历史街区保护和开发中存在的问题⑥；周向频、唐静云（2009）在《历史街区的商业开发模式及其规划方法研究》中对成都锦里、文殊坊、宽窄巷子的商业开发案例做了分析⑦；李和平、薛威（2012）在《历史街区商业化动力机制分析及规划引导》中对街区过度商业化进行了批判和反思⑧；张锦东（2013）《国外历史街区保护利用研究回顾与启示》对历史街区的概念以及国外历史街区保护历程进行了梳理⑨；王兆芳、赵勇等（2014）在《基于公众参与的历史文化街区保护研究》中以正定历史文化名城为例探讨了公

---

① 宗田好史. にぎわいを呼ぶイタリアのまちづくり——歴史的景観の再生と商業政策 [M]. 学芸出版社，2000.

② 西村幸夫. 地域の歴史と文化を活かしたまちづくりへ向けて（特集地域文化の発展と創造に向けて）[J]. 月刊自治フォーラム（586），2008（7）16—21.

③ Taylor K. The Historic Urban Landscape paradigm and cities as cultural landscapes. Challenging orthodoxy in urban conservation [J]. Landscape Research，2016，41（4）：1—10.

④ 王骏，王林. 历史街区的持续整治 [J]. 城市规划学刊，1997（3）：43—45.

⑤ 阮仪三. 历史街区的保护及规划 [J]. 城市规划学刊，2000（2）：46—47.

⑥ 阮仪三，顾晓伟. 对于我国历史街区保护实践模式的剖析 [J]. 同济大学学报（社会科学版），2004，15（5）：1—6.

⑦ 周向频，唐静云. 历史街区的商业开发模式及其规划方法研究——以成都锦里、文殊坊、宽窄巷子为例 [J]. 城市规划学刊，2009（5）：107—113.

⑧ 李和平，薛威. 历史街区商业化动力机制分析及规划引导，城市规划学刊 [J]，2012（4）：105—112.

⑨ 张锦东. 国外历史街区保护利用研究回顾与启示 [J]. 中华建设，2013（10）：70—73.

众参与对历史文化街区保护的意义①；何依、邓巍（2014）在《从管理走向治理——论城市历史街区保护与更新的政府职能》中从社会治理理念出发，提出了有限政府的机制框架：通过有限职能，构建居民参与的自发秩序，保证历史街区风貌的复杂性和多样性②；李彦伯、诸大建（2014）在《城市历史街区发展中的"回应性决策主体"模型——以上海市田子坊为例》中以田子坊历史街区为调查对象，基于提高决策回应性的原则，从主体间与主体内两个机制层面建立城市历史街区更新发展中的"回应性决策主体"模型③；杨梦丽、王勇（2016）在《历史街区保护更新的协作机制》中通过对台北大溪老街与上海市田子坊街区保护更新实践中多元协作过程的分析，探讨了社区规划师引导下的历史街区保护更新协作机制的建构④，等等。

二、城市更新与旧城改造

（一）西方的城市更新运动

城市更新（urban renewal）是一种将城市中已经不适应现代化城市社会生活的地区做必要的、有计划的改建活动。1858 年 8 月，在荷兰召开的第一次城市更新研讨会上，对城市更新做了有关的说明：生活在城市中的人，对于自己所居住的建筑物、周围的环境或出行、购物、娱乐及其他生活活动有各种不同的期望和不满。⑤

现代意义上大规模的城市更新运动（urban renewal）始于 20 世纪 60年代至 70 年代的美国。面对高速城市化后由于种族宗教收入等差异而造

---

① 王兆芳，赵勇，李沛帆，谷峥. 基于公众参与的历史文化街区保护研究——以正定历史文化名城为例 [J]. 城市发展研究，2014，21 (2).

② 何依，邓巍. 从管理走向治理——论城市历史街区保护与更新的政府职能 [J]. 城市规划学刊，2014 (6).

③ 李彦伯，诸大建. 城市历史街区发展中的"回应性决策主体"模型——以上海市田子坊为例 [J]. 城市规划，2014，v. 38；No. 322 (6)：66—72.

④ 杨梦丽，王勇. 历史街区保护更新的协作机制 [J]. 城市发展研究，2016，23 (6)：52—58.

⑤ 于今. 城市更新：城市发展的新里程 [M]. 北京：国家行政学院出版社，2011.

成的居住分化与社会冲突问题，以清除贫民窟为目标，联邦政府补贴地方政府对贫民窟土地予以征收，然后以较低价格转售给开发商进行"城市更新"。虽然城市更新综合了改善居住、整治环境振兴经济等目标，较以往单纯以优化城市布局改善基础设施为主的"旧城改造"涵盖了更多更广的内容，但是其所引发的社会问题却相当多。特别是对于有色人种和贫穷社区的拆迁显然有失公平，因而受到社会严厉批评而不得不终止。20世纪80年代后期，美国的大规模城市更新已经停止，总体上进入了小规模再开发阶段。所谓城市土地再利用（land reuse）则是对于小块土地或建筑物重新调整用途（如将工业区、码头区转变为商业区等），往往并不牵涉大规模的街区（特别是居住用地）调整，如波士顿的昆西市场（Quincy market）改造。在最早的工业化国家英国，城市更新的任务更加突出，也更倾向于使用城市再生（urban regenerate），其表征的意义已经不只是城市物质环境的改善，而有更广泛的社会与经济复兴意义。[①]

城市更新的目的是对城市中某一衰落的区域进行拆迁、改造、投资和建设，以全新的城市功能替换功能性衰败的物质空间，使之重新发展和繁荣。它包括两方面的内容：一方面是对客观存在实体（建筑物等硬件）的改造；另一方面是对各种生态环境、空间环境、文化环境、视觉环境、游憩环境等的改造与延续，包括邻里的社会网络结构、心理定势、情感依恋等软件的延续与更新。[②] 在欧美各国，城市更新起源于第二次世界大战后对不良住宅区的改造，随后扩展至对城市其他功能地区的改造，并将其重点落在城市中土地使用功能需要转换的地区。城市更新的目标是针对解决城市中影响甚至阻碍城市发展的城市问题，这些城市问题的产生既有环境方面的原因，又有经济和社会方面的原因。[③] 通过再开发（redevelopment）、整治改善（rehabilitation）和保护（conservation）三种方式实现城市更

---

① 程大林，张京祥. 城市更新：超越物质规划的行动与思考 [J]，城市规划，2004（2）.
② 叶耀先. 城市更新的目标、步骤和走向 [J]. 城乡建设，2016（6）.
③ 伊利尔. 沙里宁. 城市：它的发展、衰败与未来 [M]. 顾启源，译. 北京：中国建筑工业出版社，1986.

新（见表1-1）。

表1-1　第二次世界大战以来西方城市更新理论的演化及其特点①

阶段	城市更新模式	主要参与者与利益相关者	城市更新重点
第二次世界大战后—20世纪60年代初	大规模推倒重建	由政府引导的城市重建；到1960年代时，逐渐趋向公私部门间的一种平衡	基于城市总体规划，城市破败区进行"推土机"式的清理与大规模拆除；向城市郊区扩展
20世纪60年代—20世纪70年代末	邻里修复	私有部门逐渐加强参与作用；地方政府的规划和更新权力逐渐分配给其他部门	邻里修复计划与逐渐增强的综合性城市重建；更新项目仍然集中在城镇边缘地带
20世纪80年代—20世纪90年代初	经济复原与公私合伙制	私有部门的角色开始加强	合伙的关系进一步加强；很多大型和出名的城市重建项目，有力地促进了城市的经济复苏
20世纪90年代—当前	多方伙伴关系（经济、社会、环境等系统的同时更新）	多个部门的参与（政府部门、私有部门、社区居民、和其他组织）主导更新过程	倾向于综合和多元的政策与实践主导；更加侧重于整合性措施和总体性更新途径

（二）中国的城市更新历史

中华人民共和国成立以来，根据中国计划经济时代以及转型中的社会主义市场经济体制下城市建设与规划体制的特点，中国的城市更新历史可分为以下五个阶段（见表1-2）：②

第一阶段（1949—1965年）：计划经济时期，围绕工业建设探索城市物质环境的规划与建设。

第二阶段（1966—1976年）："文化大革命"期间，伴随政治斗争的曲折城市发展。

---

① 伊利尔. 沙里宁. 城市：它的发展、衰败与未来 [M]. 顾启源，译. 北京：中国建筑工业出版社，1986.

② 翟斌庆，伍美琴. 城市更新理念与中国城市现实 [J]，城市规划学刊，2009（2）：75－82.

第三阶段（1978—1980 年代末）：经济转型期，恢复城市规划与进行城市体制改造。

第四阶段（1990—2000 年）：经济转型期，地产开发与经营主导的城市改造。

第五阶段（2000 年至今）：快速城市化与多元化、综合化的城市建设与更新时期。

表 1-2　不同历史时期中国城市更新的主要特点①

阶段	城市更新模式	城市更新重点
1949—1965 年	计划经济时期，围绕工业建设开展城市物质环境的规划与建设	工业建设城市建设；充分利用，逐步改造，加强维修
1966—1976 年	"文化大革命"期间伴随政治斗争的曲折城市发展	支离破碎的城市建设
1978—1980 年代末	经济转型期，恢复城市规划与进行城市改造体制改革	城市规划与进行城市更新与重建工作
1990—2000 年	经济转型期，地产开发与经营主导的城市改造	"城市改造与重建"中追求最大的地方经济回报；"城市改造与重建"过于大规模化、简单化、和高速化
2000 年至今	快速城市化与多元化、综合化的城市建设与更新时期	"城市更新"仍然比较强调城市物质环境；"城市改造"仍然以追求经济回报为主；综合化与整合性的城市发展理念、"自下而上"的城市更诉求开始显现

（三）上海的城市更新与旧城改造

1. 上海城市更新历程

上海是中国最早开启现代化城市建设的城市之一。自 1843 年开埠后，到 20 世纪 90 年代的浦东大开发至现在，一直处于城市更新当中（如图 1

---

① 翟斌庆，伍美琴. 城市更新理念与中国城市现实 [J]，城市规划学刊，2009（2）：75-82.

—1 所示）。

上海城市更新历程可以分为以下三个阶段：

第一阶段是 1843 年开埠后至中华人民共和国成立前。该阶段的城市更新主要以帝国主义殖民者主导，进行了类似西方近代化的城市建设，改变了上海原来以农业为主的部分区域的建筑风貌。

第二阶段是中华人民共和国成立初至 20 世纪 90 年代，城市基础建设和工业化是主流，该阶段的城市更新以基础设施建设、居民住房改造为主。

第三阶段是 20 世纪 90 年代至今。该阶段比较重大的举措如浦东大开发、市区工业外迁、市中心人口外迁，城市更新主要体现在旧工业区、旧商业街、旧居民区的改造和升级，以及浦东新区的改造建设，等等。已完成的城市更新项目中比较典型的如太平桥石库门更新项目、世博园片区升级改造项目等。城市更新加速进程有着从福利主义逐步走向综合价值取向，上海的城市更新同样也历经了这一系列变化。

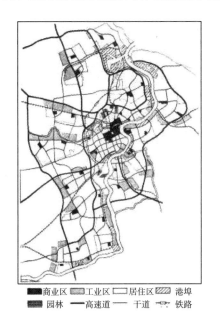

图 1—1　上海城市规划图 1949 年（左图）与 1999 年（右图）

来源：上海市规划和国土资源管理局

2. 上海旧城改造模式

在现代城市中，政府与专业部门在对土地、空间、道路、住房等的规划及其分配中握有主导权甚至决策权。城市政府为了城市经济的发展效益或关联利益等，实施土地的开发或空间的更新。[①]

上海是典型的政府主导型城市更新。自 1990 年以来，上海面临着产业的转型，同时也伴随着城市空间结构的重组，以适应后工业时代的城市发展。对于像上海这样的工业基地，城市建成区已经占到陆域面积的约 50%，工业区占城市建成区的面积约 28%，远高于同类国际大都市，而城市中心区公共绿地覆盖率则明显偏低。因此，在继续开发新城和新区的同时，工业和工业区的改造和转型是城市更新的重点。城市更新集中在 4 个方面：（1）工业、工业区和工业用地的转型和转性，以及工业遗产的保护与利用；（2）滨水区的产业、功能和空间的转型；（3）重视历史文化风貌和历史建筑的修缮和保护，考虑长期以来历史建筑中的居住条件一直处于困难状况，由此需要兼顾保护和改善居住条件，减少人口密度；（4）注重公共开放空间，修补或植入公共广场和绿地。上海于 2015 年 5 月在全国率先颁布了《上海市城市更新实施办法》。[②]

"上海 2035"提出："以主体功能区规划为基础，以城市总体规划和土地利用总体规划为主体，整合各类专项规划中涉及空间安排的要素以及相关政策，优化空间规划体系。适应后工业化时代的发展趋势，实现规划理念、体系和方法上的转变。"（如图 1-2 所示）

[①] 陈映芳. 城市与中国社会研究 [J]. 社会科学，2012（10）：70-76.

[②] 郑时龄. 上海的城市更新与历史建筑保护 [J]. 中国科学院院刊，2017，32（7）：690-695.

图1-2 "上海2035"主城区用地分布规划图

来源：上海市规划和国土资源管理局

三、历史街区开发与城市治理之"五违四必"

历史文化商业街区，指的是在有一定历史文化底蕴和传统特色的区域地段，注入"文化、休闲、创意"元素，将其策划改造成为具有"国际性、文化性、时尚性"的休闲娱乐场所。历史文化商业街区让传统历史文化与现代文明得以融合，既体现本土传统文化，又展现现代时尚生活。当前，体现本土文化认同和生活方式的商业街区，已经被广泛认为是更具亲和力和更可持续发展的经典模式，如香港兰桂坊、上海新天地、南京1912等。历史文化商业街区侧重文化脉络和历史传承，通常以所在区域的历史资源和元素为文化类型，适当划分各区域功能，建设一流现代化基础设施以满足消费者的需要；同时，借助历史文化的传播性、感染力，以及先进设施的便捷性、现代感，历史文化商业街区创造了一种新的休闲娱乐体验方式，让人们在享受现代生活的同时，感受历史，品味过去。

1979年，上海市城市规划办公室提出把中国近代革命中史迹密集的思南路地区及豫园地区规划为旅游区。1984年，市规划局又提出成群成组地保护中心城革命史迹和标志性建筑的规划设想。上海列为国家历史文化名城后编制的《上海市历史文化风貌区和优秀历史建筑保护条例》和《上海历史文化名城保护规划》，在中心城规划了思南路及龙华革命史迹，外滩、人民广场、茂名路近代优秀建筑，江湾都市计划史迹，旧城厢，南京路、福州路商市，上海花园、虹口、虹桥路住宅6类11个风貌保护区，并划出了保护、建筑控制和环境协调范围，提出了着重保护中国近代革命历史遗址区以及享有"世界建筑博览会"之称的建筑群风貌区的规划意见。同年还编制了旧城厢地段、外滩地区保护规划。这些规划在中心城改建中，发挥了保护上海历史文化风貌的作用。上海中心城区已确定了12片、约27平方公里的历史文化风貌区，包括外滩、老城厢、衡山路—复兴路、人民广场、南京西路、愚园路、新华路、山阴路、提篮桥、江湾、龙华、虹桥路历史文化风貌区等。同时，上海还确定了衡山路、思南路等144条风貌保护道路，其中64条道路将进行原汁原味的保护，不再予以拓宽。

在商业开发过程中，由于已有的历史文化风貌区管理体系和历史建筑改造标准不够完善，历史街区原有风貌遭破坏、居住环境恶化等问题频繁发生。例如，从上海衡山路—复兴中路历史文化风貌区中老洋房的商业开

发现状来看，除了"思南公馆""武康路历史文化名街"等几处政府主导的商业开发项目以外，还存在不少个人投资的案例。虽然已有的《上海市历史文化风貌区和优秀历史建筑保护条例》在一定程度上抑制了优秀历史建筑的破坏，但是仍然有不少"居改非"等违法现象的出现；此外，由于商家与居民间缺少交流和沟通，有些老洋房的商业改造对周边居民的居住安全和隐私保护造成了影响，导致了邻里矛盾的产生。

为了更好地开展城市治理控制"居改非"现象的扩张，上海市委市政府从 2016 年起在全市范围内全力推进了"五违四必"区域环境综合整治工作。"五违"是指违法用地、违法建筑、违法经营、违法排污和违法居住；"四必"是指安全隐患必须消除，违法建筑必须拆除，脏乱差现象必须改变，违法经营必须取缔。在城市治理过程中，不少开在老洋房、石库门等历史建筑里的特色小店被迫"关门"，曾因酒吧一条街而闻名的衡山路整排店铺全部都被拆除，与其相邻街区也找不到一家开门营业的酒吧。

随着"旧城改造""城市更新""城市扩展"等运动的大规模展开，城市开发的合理空间问题被学者关注。[①] 因此，有必要通过分析国内外历史街区开发和管理的优秀案例，探讨商业化历史街区治理中的公民参与模式。通过政府"自上而下"的推动和当地居民"自下而上"的参与相结合，加强政府—社区—居民—商户间的信息互通，以激发居民和商户对历史街区风貌保护以及城市文脉传承的积极性和主动性。

第三节　研究说明

既有研究的视角是从建筑学领域对城市历史街区的商业开发进行了探讨；而管理学的视角，历史街区发展的研究少有提及。此外，在前期研究中发现，我国虽然已有一些城市制定了历史街区的政策保护，但是由于管

---

① 陈映芳. 城市开发的正当性危机与合理性空间 [J]. 社会学研究，2008 (3)：29—55.

理机制的不够完善等原因，在商业开发中不少历史建筑的原有风貌遭到破坏、原有建筑结构私自改造等问题时有发生。

本书以保护历史街区为基础，从公共管理学和城市规划学的双重视角出发，探讨在商业开发模式下，构建从现有单一的政府监管，转变为政府监督指导、社区街道协调、居民与商户共同参与的城市历史街区协同治理机制，从而形成以协同治理机制为主的历史街区多层保护管理体系。

本书在对历史街区保护与开发的政策框架进行梳理的基础上，通过实证调查，分别以上海衡山路—复兴中路历史风貌保护区、上海市郊五处"传统村落"和上海思南路历史街区三处为对象地，以文献资料法（图书、媒体等）、田野调查法（观察法、拍照法等）、问卷调查法和深度访谈法（采访、研讨会等）四种方法进行调查。以数据分析法、对比分析法、相关分析法三种方法分析"居改非"的灰色地带、"半公开化"的居住环境和交通稳静化在"永不拓宽的街道"中的应用，探讨历史街区商业化变迁下居住空间、居住者和街道的适应性问题（如图1-3所示）。

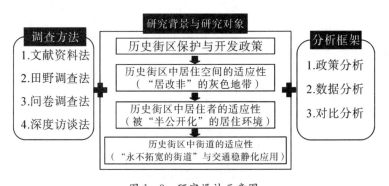

图1-3 研究设计示意图

本书具体实施如下：

第二章在梳理国务院以及各地方政府出台的有关历史街区保护与开发的政策框架的基础上，进一步分析上海市公布的《上海市历史文化风貌区和优秀历史建筑保护条例》，以及历史文化风貌区、永不拓宽的街道、市郊"古村镇"的保护与开发政策，等等。

第三章以老洋房的商业开发为例，对上海衡山路—复兴中路历史风貌保护区进行了调查，对商住混合型老洋房的生活和利用现状，以及入住者属性等进行了深度访谈，明确了"居改非"现状下老洋房的居住空间、租赁关系和管理上存在的问题（见表1-3）。

表1-3　商业改造对居住空间的影响相关访谈

编号	访谈对象	属性	性别	年龄	出生地
SZ1	J先生	政府房管部门科员	男	30+	上海
SZ2	C先生	居民	男	69	上海
SZ3	L女士	商户	女	26	浙江
SZ4	C女士	居民	女	64	上海
SZ5	K先生	居民	男	67	上海
SZ6	Z女士	居民	女	51	上海
SZ7	D先生	商户	男	43	四川
SZ8	M先生	居民	男	72	上海
SZ9	X女士	居民	女	62	上海
SZ10	K先生	商户	男	46	江苏

第四章以上海市郊五处"传统村落"为例，通过田野调查，分析在商业开发过程中，原有人口结构、生活形态发生的变化。对调查对象地的原住民和外来流动人员分别做了采访，以探讨市郊历史街区商业开发后对原住民的居住环境产生的影响（见表1-4）。

第五章以探索城市历史街区安全和谐的交通环境为目的，通过对国内外交通稳静化应用的现状分析，以上海思南路历史街区为调查对象，综合探讨交通稳静化在中国历史名城和城市历史街区中"永不拓宽的街道"的实施可行性。

第六章在政策分析和实证调研的基础上，分析、总结了商业化变迁给历史街区带来的利与弊，结合国外已有的先行案例，在历史街区开发中重视市民的参与意识，通过市民的推动，形成了政府—居民—商家—社会团体的多方参与、协同合作的保护管理模式，值得借鉴。

表 1-4　商业改造对居住者的影响相关访谈

编号	访谈对象	属性	性别	年龄	出生地
GC1	P 主任	村委会成员	男	40+	上海
GC2	F 女士	本地居民	女	68	上海
GC3	L 女士	外来租户	女	24	山东
GC4	H 女士	外来租户	女	36	浙江

第二章　历史街区保护与 开发的政策框架

自 20 世纪 80 年代以来，随着的城市化发展，在旧城改造和开发的过程中，一些地方政府相继出台了地方性的历史风貌区保护条例。例如，北京在 1999 年公布了《北京旧城历史文化保护区保护和控制范围规划》，划定了 25 片历史文化保护区；上海在 2002 年制定了《上海市历史文化风貌区和优秀历史建筑保护条例》，划定了 44 片历史文化风貌区；武汉在 2012 年制定了《武汉市历史文化风貌区和优秀历史建筑保护条例》，划定了 16 片历史文化风貌区。

第一节　历史街区保护的概念

一、历史文化名城与历史街区的概念

（一）历史文化名城

历史文化名城全称为国家历史文化名城，是指那些有着深厚的文化底蕴或发生过重大历史事件而青史留名的城市。这些城市，有的曾是王朝都城，有的曾是当时的政治、经济重镇，有的曾是重大历史事件的发生地，

有的因为拥有珍贵的文物遗迹而享有盛名，有的则因为出产精美的工艺品而著名。它们的留存，为人们回顾历史打开了窗口。

1982 年 2 月，为了保护那些曾经是古代政治、经济、文化中心或近代革命运动和重大历史事件发生地的重要城市及其文物古迹免受破坏，历史文化名城的概念被正式提出。根据《文物保护法》，历史文化名城是指保存文物特别丰富，具有重大历史文化价值和革命意义的城市。① 从行政区划看，历史文化名城并非一定是"市"，也可能是"县"或"区"。截至 2017 年 7 月 16 日，国务院已将 133 座城市（此处琼山市已并入海口市，两者算一座②）列为国家历史文化名城，并对这些城市的文化遗迹进行了重点保护。③

在 1982 年、1986 年和 1994 年，国务院先后公布了三批国家历史文化名城，共 99 座。此后，分别于 2001 年增补 2 座，2004 年增补 1 座，2005 年增补 1 座，2007 年增补 7 座，2009 年增补 1 座，2010 年增补 1 座，2011 年增补 6 座，2012 年增补 2 座，2013 年增补 4 座，2014 年增补 2 座，2015 年增补 3 座，2016 年增补 3 座，2017 年增补 2 座（截至 2017 年 7 月 16 日），共计 134 座（此处琼山市和海口市分开计算）（见表 2—1 至表 2—4）。④

---

① 历史文化名城. 中国网 ［2014－01－07］http://www. china. com. cn/zhuanti2005/whmc/node＿7004001. htm.

② 注：2002 年 10 月琼山市并入海口市。2006 年 11 月，根据国务院秘书二局的意见，将琼山历史文化名城更名为海口历史文化名城，会在当时已批准公布的 103 座国家历史文化名城中产生连锁反应，建议海口市重新呈报申报文件，直接申报海口为国家历史文化名城。2007 年 3 月 13 日，国务院正式批准海口成为国家历史文化名城。住房和城乡建设部、国家文物局做统计报告及海口市政府编制城市总体规划和历史文化名城保护规划时，均将琼山和海口视作一处。

③ 历史文化名城. 中国网 ［2014－01－07］http://www. china. com. cn/zhuanti2005/whmc/node＿7004001. htm. 国务院关于同意将江苏省高邮市列为国家历史文化名城的批复. 中华人民共和国中央人民政府网. 2016－11－28 ［2016－12－12］http://www. gov. cn/zhengce/content/2016-11/28/content＿5138722. htm. 国务院关于同意将湖南省永州市列为国家历史文化名城的批复. 国务院 ［2016－12－26］http://www. gov. cn/zhengce/content/2016－12/26/content＿5152877. htm.

④ 历史文化名城. 中国网 ［2014－01－07］http://www. china. com. cn/zhuanti2005/whmc/node＿7004001. htm.

历史文化名城按照特点分为以下七类。①

第一类是历史古都型：都城时代的历史遗存物、古都的风貌为特点的城市。

第二类是传统风貌型：保留了一个或几个历史时期积淀的完整建筑群的城市。

第三类是一般史迹型：分散在全城各处的文物古迹为历史传统主要体现方式的城市。

第四类是风景名胜型：建筑与山水环境的叠加而显示出鲜明个性特征的城市。

第五类是地域特色型：地域特色或独自的个性特征、民族风情、地方文化构成城市风貌主体的城市。

第六类是近代史迹型：反映历史上某一事件或某个阶段的建筑物或建筑群为其显著特色的城市。

第七类是特殊职能型：某种职能在历史上占有突出地位的城市。

表 2-1　第一批 24 座国家历史文化名城（1982 年 02 月 08 日公布）

1. 北京	7. 杭州	13. 开封	19. 遵义
2. 承德	8. 绍兴	14. 荆州	20. 昆明
3. 大同	9. 泉州	15. 长沙	21. 大理
4. 南京	10. 景德镇	16. 广州	22. 拉萨
5. 苏州	11. 曲阜	17. 桂林	23. 西安
6. 扬州	12. 洛阳	18. 成都	24. 延安

---

① 历史文化名城. 中国网［2014-01-07］http://www.china.com.cn/zhuanti2005/whmc/node_7004001.htm.

表 2—2　第二批 38 座国家历史文化名城（1986 年 12 月 08 日公布）

1. 天津	11. 阆中	21. 敦煌	31. 淮安区
2. 保定	12. 宜宾	22. 银川	32. 宁波
3. 济南	13. 自贡	23. 喀什	33. 歙县
4. 商丘	14. 镇远	24. 呼和浩特	34. 寿县
5. 安阳	15. 丽江	25. 上海	35. 亳州
6. 南阳	16. 日喀则	26. 徐州	36. 福州
7. 武汉	17. 韩城	27. 平遥	37. 漳州
8. 襄阳	18. 榆林	28. 沈阳	38. 南昌
9. 潮州	19. 武威	29. 镇江	
10. 重庆	20. 张掖	30. 常熟	

表 2—3　第三批 37 座国家历史文化名城（1994 年 01 月 04 日公布）

1. 正定	11. 长汀	21. 岳阳	31. 建水
2. 邯郸	12. 赣州	22. 肇庆	32. 巍山
3. 新绛	13. 青岛	23. 佛山	33. 江孜
4. 代县	14. 聊城	24. 梅州	34. 咸阳
5. 祁县	15. 邹城	25. 雷州	35. 汉中
6. 哈尔滨	16. 临淄	26. 柳州	36. 天水
7. 吉林	17. 郑州	27. 琼山	37. 同 仁（青海省）
8. 集安	18. 浚县	28. 乐山	
9. 衢州	19. 随州	29. 都江堰	
10. 临海	20. 钟祥	30. 泸州	

表2-4　增补35座国家历史文化名城

2001 年	山海关区（2001 年 8 月 10 日）、凤凰县（2001 年 12 月 17 日）
2004 年	濮阳市（2004 年 10 月 1 日）
2005 年	安庆市（2005 年 4 月 14 日）
2007 年	泰安市（2007 年 3 月 9 日）、海口市（2007 年 3 月 13 日）、金华市（2007 年 3 月 18 日）、绩溪县（2007 年 3 月 18 日）、吐鲁番市（2007 年 4 月 27 日）、特克斯县（2007 年 5 月 6 日）、无锡市（2007 年 9 月 15 日）
2009 年	南通市（2009 年 1 月 2 日）
2010 年	北海市（2010 年 11 月 9 日）
2011 年	宜兴市（2011 年 1 月 27 日）、嘉兴市（2011 年 1 月 27 日）、太原市（2011 年 3 月 17 日）、中山市（2011 年 3 月 17 日）、蓬莱市（2011 年 5 月 1 日）、会理县（2011 年 11 月 8 日）
2012 年	库车县（2012 年 3 月 15 日）、伊宁市（2012 年 6 月 28 日）
2013 年	泰州市（2013 年 2 月 10 日）、会泽县（2013 年 5 月 18 日）、烟台市（2013 年 7 月 28 日）、青州市（2013 年 11 月 18 日）
2014 年	湖州市（2014 年 7 月 14 日）、齐齐哈尔市（2014 年 8 月 6 日）
2015 年	常州市（2015 年 6 月 1 日）、瑞金市（2015 年 8 月 19 日）、惠州市（2015 年 10 月 3 日）
2016 年	温州市（2016 年 5 月 4 日）、高邮市（2016 年 11 月 23 日）、永州市（2016 年 12 月 16 日）
2017 年	长春市（2017 年 7 月 3 日）、龙泉市（2017 年 7 月 16 日）

（二）历史街区

历史街区，是指文物古迹比较集中，或者能比较完整地体现出某一历史时期传统风貌和民族地方特色的街区。1933 年 8 月国际现代建筑学会在雅典通过的《雅典宪章》声明：对有历史价值的建筑和街区，均应妥善保存，不可加以破坏。

1987 年由国际古迹遗址理事会在华盛顿通过的《保护历史城镇与城区宪章》（又称《华盛顿宪章》）提出"历史城区"（historic urban areas）的概念，并将其定义为："不论大小，包括城市、镇、历史中心区和居住区，也包括其自然和人造的环境。……它们不仅可以作为历史的见证，而且体现了城镇传统文化的价值。"同时还列举了历史街区中应该保护的内容：地段与街道的格局及空间形式；建筑物和绿化、旷地的空间关系；历史性建筑的内外面貌，包括体量、形式、建筑风格、材料、建筑装饰等地段与周围环境的关系，包括与自然和人工环境的关系；地段的历史功能和作用。

我国正式提出"历史街区"的概念，始于 1986 年国务院公布第二批国家级历史文化名城。作为历史文化名城，不仅要看城市的历史，及其保存的文物古迹，还要看其现状格局和风貌是否保留着历史特色，并具有一定的代表城市传统风貌的街区。其基础是此前由建设部于 1985 年提出（设立）的"历史性传统街区"：对文物古迹比较集中，或能较完整地体现出某一历史时期传统风貌和民族地方特色的街区等也予以保护，核定公布为地方各级"历史文化保护区"。

2002 年 10 月修订后的《文物保护法》正式将历史街区列入不可移动文物范畴，具体规定为："保存文物特别丰富并且具有重大历史价值或者革命意义的城镇、街道、村庄，由省、自治区、直辖市人民政府核定公布为历史文化街区、村镇，并报国务院备案。"（《文物保护法》第十四条）[①]

二、历史街区、历史文化街区与历史风貌街区的区别

1996 年"黄山会议"明确指出，历史街区的保护已经成为保护历史文化遗产的重要一环。我国在 1986 年国务院公布第二批国家级历史文化名城时正式确立了"历史街区"的概念：作为历史文化名城，不仅要看城市的历史，及其保存的文物古迹，而且要看其现状格局和风貌是否保留着历史特色，并具有一定的代表城市传统风貌的街区。[②]

[①] 中华人民共和国文物保护法. 国务院新闻办公室网站 2015－07－06 ［2018－01－22］ http://www.scio.gov.cn/xwfbh/xwbfbh/wqfbh/2015/33065/xgbd33074/Document/1440173/1440173.htm.

[②] 历史文化名城. 中国网 ［2014－01－07］ http://www.china.com.cn/zhuanti2005/whmc/node_7004001.htm.

历史文化街区或历史风貌街区是指经省、自治区、直辖市人民政府核定公布的保存文物特别丰富、历史建筑集中成片、能够较完整和真实地体现传统格局和历史风貌，并有一定规模的区域。《文物保护法》中对历史文化街区的界定是，法定保护的区域，学术上叫"历史地段"。①

历史街区是历史文化街区和历史风貌街区的前提和基础，历史文化街区和历史风貌街区是相对完善且受法定保护的历史街区。

第二节　历史街区保护的政策与条例

一、《城乡规划法》与《文物保护法》

（一）《城乡规划法》

为了加强城乡规划管理，协调城乡空间布局，改善人居环境，促进城乡经济社会全面协调可持续发展，2007 年 10 月 28 日，第十届全国人民代表大会常务委员会第三十次会通过《中华人民共和国城乡规划法》（以下简称《城乡规划法》），共 7 章 70 条。该法自 2008 年 1 月 1 日起施行，《中华人民共和国城市规划法》同时废止。②

《城乡规划法》中所称城乡规划，包括城镇体系规划、城市规划、镇规划、乡规划和村庄规划。③ 城市规划、镇规划分为总体规划和详细规划。详细规划分为控制性详细规划和修建性详细规划。所称规划区，是指城市、镇和村庄的建成区以及因城乡建设和发展需要，必须实行规划控制

---

① 中华人民共和国文物保护法. 国务院新闻办公室网站 2015－07－06 ［2018－01－22］http://www. scio. gov. cn/xwfbh/xwbfbh/wqfbh/2015/33065/xgbd33074/Document/1440173/1440173. htm.

② 中华人民共和国城乡规划法. 中国人大网 2007－10－28 ［2018－01－22］http://www. npc. gov. cn/wxzl/gongbao/2015－07/03/content _ 1942844. htm.

③ 中华人民共和国城乡规划法. 中国人大网 2007－10－28 ［2018－01－22］http://www. npc. gov. cn/wxzl/gongbao/2015－07/03/content _ 1942844. htm.

的区域。规划区的具体范围由有关人民政府在组织编制的城市总体规划、镇总体规划、乡规划和村庄规划中，根据城乡经济社会发展水平和统筹城乡发展的需要划定。

（二）《文物保护法》

《文物保护法》是为了加强对文物的保护，继承中华民族优秀的历史文化遗产，促进科学研究工作，开展爱国主义和革命传统教育，建设社会主义精神文明和物质文明，而制定的法规。该法规由第五届全国人民代表大会常务委员会第二十五次会议于 1982 年 11 月 19 日通过，自 1982 年 11 月 19 日起施行。当前版本为 2015 年 4 月 24 日第十二届全国人民代表大会常务委员会第十四次会议修改。[①]

《文物保护法》第三条规定："古文化遗址、古墓葬、古建筑、石窟寺、石刻、壁画、近代现代重要史迹和代表性建筑等不可移动文物，根据它们的历史、艺术、科学价值，可以分别确定为全国重点文物保护单位，省级文物保护单位，市、县级文物保护单位。"

二、《历史文化名城名镇名村保护条例》

为了加强历史文化名城、名镇、名村的保护与管理，继承中华民族优秀历史文化遗产，由中华人民共和国国务院颁布第 524 号条例即《历史文化名城名镇名村保护条例》。该条例于 2008 年 4 月 2 日国务院第 3 次常务会议通过，自 2008 年 7 月 1 日起施行。[②]

该条例第七条规定具备下列条件的城市、镇、村庄，可以申报历史文化名城、名镇、名村。

第一，保存文物特别丰富。

---

① 中华人民共和国文物保护法. 国务院新闻办公室网站 2015－07－06 ［2018－01－22］ http://www.scio.gov.cn/xwfbh/xwbfbh/wqfbh/2015/33065/xgbd33074/Document/1440173/1440173. htm.

② 历史文化名城名镇名村保护条例. 中央政府门户网站 2008－04－29 ［2018－01－22］ http://www.gov.cn/flfg/2008－04/29/content_957342.htm.

第二，历史建筑集中成片。

第三，保留着传统格局和历史风貌。

第四，历史上曾经作为政治、经济、文化、交通中心或军事要地，或发生过重要历史事件，或其传统产业、历史上建设的重大工程对本地区的发展产生过重要影响，或能够集中反映本地区建筑的文化特色、民族特色。

此外，在所申报的历史文化名城保护范围内还应当有 2 个以上的历史文化街区。

在历史文化街区、名镇、名村的核心保护范围内，新建、扩建必要的基础设施和公共服务设施的，城市、县人民政府城乡规划主管部门核发建设工程规划许可证、乡村建设规划许可证前，应当征求同级文物主管部门的意见。

在历史文化街区、名镇、名村的核心保护范围内，拆除历史建筑以外的建筑物、构筑物或者其他设施的，应当经城市、县人民政府城乡规划主管部门会同同级文物主管部门批准。

三、《上海市历史文化风貌区和优秀历史建筑保护条例》

1991 年，上海市政府颁布了中国第一部有关近代建筑保护的地方性政府法令《上海市优秀近代建筑保护管理办法》。为了进一步加强对上海市历史文化风貌区和优秀历史建筑的保护，促进城市建设与社会文化的协调发展，根据有关法律、行政法规，结合上海市实际情况，2002 年 7 月25 日上海市第十一届人民代表大会常务委员会第四十一次会议通过了《上海市历史文化风貌区和优秀历史建筑保护条例》。上海市行政区域内历史文化风貌区和优秀历史建筑的确定及其保护管理，适用本条例。①

该条例第四条规定："历史文化风貌区和优秀历史建筑的保护，应当

---

① 上海市历史文化风貌区和优秀历史建筑保护条例. 上海人大网站 2013－08－27 ［2018－01－22］ http://www. spcsc. sh. cn/n1939/n2440/n2550/u1ai112791. html.

遵循统一规划、分类管理、有效保护、合理利用、利用服从保护的原则。"任何单位和个人都有保护历史文化风貌区和优秀历史建筑的义务，对危害历史文化风貌区和优秀历史建筑的行为，可以向规划管理部门或者房屋土地管理部门举报。规划管理部门或者房屋土地管理部门对危害历史文化风貌区和优秀历史建筑的行为应当及时调查处理。

第三节　上海市历史文化风貌区保护与开发

一、历史文化风貌区

上海市历史文化风貌区，是指历史建筑集中成片，建筑样式、空间格局和街区景观较完整地体现上海某一历史时期地域文化特点的地区。目前已确定了 44 片历史文化风貌区，其中，中心城区计 12 片共 27 平方公里（见图 2—1、表 2—5），郊区及浦东新区计 32 片共 14 平方公里（见表 2—6）。①

历史文化风貌区强调了上海城市风貌保护的整体性。以区域风貌保护为核心，对每一地块的建筑密度、建筑沿街高度与尺度、建筑后退红线、街道空间等都做了详尽的规定和分地块规划图则，表达方式直观明了，便利了日常规划管理。同时，从规划上，对历史文化风貌区内所有建筑进行分类保护，将建筑分为保护建筑、保留历史建筑、一般历史建筑、应当拆除建筑和其他建筑五类，将每一幢建筑的保护、保留、改造与拆除的规划要求加以明确，力求整体风貌达到最大限度地保护。

上海市现有 19 处全国重点文物保护单位、163 处市级文物保护单位。在保护城市历史文物的基础上，为了进一步加大对城市历史风貌的保护力度，市政府又前后公布了四批优秀历史建筑，共 632 处、2138 幢，总建

① 上海市历史文化风貌区和保护建筑地图. 上海市城市规划管理局，上海市测绘院，上海市城市建设档案馆. 中华地图学社 2008—01—01.

筑面积约 400 万平方米，包括不同时期、不同类型的公共建筑、居住建筑和工业建筑。此外，有 144 条道路和街巷被列为风貌保护道路，其中 64 条风貌保护道路为永不拓宽道路。1996 年，在郊区内确定 4 个历史文化名镇，其中枫泾镇和朱家角镇还分别被确定为国家历史文化名镇。

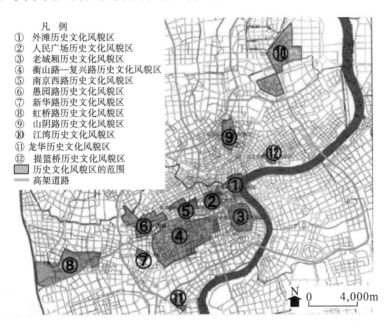

凡 例
① 外滩历史文化风貌区
② 人民广场历史文化风貌区
③ 老城厢历史文化风貌区
④ 衡山路—复兴路历史文化风貌区
⑤ 南京西路历史文化风貌区
⑥ 愚园路历史文化风貌区
⑦ 新华路历史文化风貌区
⑧ 虹桥路历史文化风貌区
⑨ 山阴路历史文化风貌区
⑩ 江湾历史文化风貌区
⑪ 龙华历史文化风貌区
⑫ 提篮桥历史文化风貌区
■ 历史文化风貌区的范围
╌ 高架道路

N 0　　4,000m

图 2—1　上海市中心城区历史文化风貌区分布图
来源：根据上海市历史文化风貌区和保护建筑地图制作

表 2—5　上海市中心城 12 片历史文化风貌区[①]

序号	风貌区名称
1	上海市外滩历史文化风貌区
2	上海市人民广场历史文化风貌区
3	上海市老城厢历史文化风貌区
4	上海市衡山路—复兴路历史文化风貌区

---

① 上海市历史文化风貌区和保护建筑地图. 上海市城市规划管理局，上海市测绘院，上海市城市建设档案馆. 中华地图学社 2008—01—01.

续表2—5

序号	风貌区名称
5	上海市南京西路历史文化风貌区
6	上海市愚园路历史文化风貌区
7	上海市新华路历史文化风貌区
8	上海市虹桥路历史文化风貌区
9	上海市山阴路历史文化风貌区
10	上海市江湾历史文化风貌区
11	上海市龙华历史文化风貌区
12	上海市提篮桥历史文化风貌区

表2—6　上海市郊区和浦东新区32片历史文化风貌区①

序号	风貌区名称
1	上海市枫泾历史文化风貌区
2	上海市新场历史文化风貌区
3	上海市朱家角历史文化风貌区
4	上海市奉城老城厢历史文化风貌区
5	上海市金泽历史文化风貌区
6	上海市练塘历史文化风貌区
7	上海市娄塘历史文化风貌区
8	上海市罗店历史文化风貌区
9	上海市张堰历史文化风貌区
10	上海市浦东高桥老街历史文化风貌区
11	上海市川沙中市街历史文化风貌区
12	上海市松江仓城历史文化风貌区
13	上海市松江府城历史文化风貌区
14	上海市青浦老城厢历史文化风貌区

① 上海市郊区及浦东新区历史文化风貌区范围一览表. 上海农业 2005—03—20 ［2018—01—22］http://www.shac.gov.cn/hjgl/jqsc/201508/t20150818_1498340.html.

续表2—6

序号	风貌区名称
15	上海市嘉定西门历史文化风貌区
16	上海市嘉定州桥历史文化风貌区
17	上海市泗泾下塘历史文化风貌区
18	上海市重固老通波塘历史文化风貌区
19	上海市徐泾蟠龙历史文化风貌区
20	上海市青浦白鹤港历史文化风貌区
21	上海市南翔双塔历史文化风貌区
22	上海市南翔古猗园历史文化风貌区
23	上海市大团北大街历史文化风貌区
24	上海市航头下沙老街历史文化风貌区
25	上海市南汇横沔老街历史文化风貌区
26	上海市南汇六灶港历史文化风貌区
27	上海市奉贤青村港历史文化风貌区
28	上海市庄行南桥塘历史文化风貌区
29	上海市七宝老街历史文化风貌区
30	上海市堡镇光明街历史文化风貌区
31	上海市崇明草棚村历史文化风貌区
32	上海市浦江召楼老街历史文化风貌区

二、风貌保护道路与"永不拓宽的街道"

上海市风貌保护道路（街巷），是指经上海市人民政府批准的《历史文化风貌区保护规划》所确定的中心城历史文化风貌特色明显的一、二、三、四类风貌保护道路（街巷），包括沿线两侧第一层面建筑、绿化等所占区域。2007 年 9 月 17 日，确定了中心城 12 个风貌区内的风貌保护道路共计 144 条，其中一类风貌保护道路有 64 条。[1]

---

[1] 上海市城市规划管理局，上海市测绘院，上海市城市建设档案馆. 上海市历史文化风貌区和保护建筑地图 [M]. 中华地图学社，2008.

上海市风貌保护道路中的 64 条"永不拓宽"的道路，分布在 9 个历史文化风貌区（见表 2-7），这 64 条"一类风貌保护道路"保留着原有道路的宽度和相关尺度，并严格控制沿线开发地块的建筑高度、体量、风格、间距等，这 64 条街道因而被称作"永不拓宽的街道"。[①]

表 2-7　64 条永不拓宽历史保护街道

序号	所属历史文化风貌区	道路名称	路段范围分界线	序号	所属历史文化风貌区	道路名称	路段范围分界线
1	外滩历史文化风貌区	中山东一路	外滩	33	衡山路—复兴路历史文化风貌区	思南路	淮海中路—建国中路
2		四川北路—四川中路	全路段	34		雁荡路	淮海中路—南昌路
3		虎丘路—乍浦路	北苏州路—北京东路	35		巨鹿路	常熟路—陕西南路
4		香港路	江西中路—圆明园路	36		衡山路	天平路—桃江路
5		北京东路	河南中路—中山东一路	37		建国西路	衡山路—岳阳路
6		广东路	江西中路—中山东一路	38		五原路	武康路—常熟路
7		福州路	河南中路—中山东一路	39		新乐路	富民路—陕西南路
8		九江路	河南中路—中山东一路	40		汾阳路	淮海中路—岳阳路
9		汉口路	河南中路—中山东一路	41		桃江路	乌鲁木齐南路—岳阳路
10		滇池路	四川中路—中山东一路	42		安亭路	建国西路—永嘉路
11		圆明园路	南苏州路—滇池路	43		东湖路	长乐路—淮海中路

①　陈丹燕. 永不拓宽的街道［M］. 上海：东方出版中心，2008-08.

第二章 历史街区保护与开发的政策框架

续表2-7

序号	所属历史文化风貌区	道路名称	路段范围分界线	序号	所属历史文化风貌区	道路名称	路段范围分界线
12		江西中路	南苏州路—广东路	44		康平路	华山路—高安路
13		南京东路	江西中路—中山东一路	45		泰安路	华山路—武康路
14		北苏州路—黄浦路	河南北路—武昌路	46		华山路	常熟路—兴国路
15	人民广场历史文化风貌区	南京东路—南京西路	黄陂北路—浙江中路	47		高邮路	复兴西路—湖南路
16		北京西路	胶州路—江宁路	48		湖南路	华山路—淮海中路
17	南京西路历史文化风貌区	陕西北路	新闸路—南阳路 南京西路—威海路	49	衡山路—复兴路历史文化风貌区	余庆路	淮海中路—衡山路
18		茂名北路	南京西路—威海路	50		兴国路	华山路—淮海中路
19	新华路历史文化风貌区	新华路	定西路—番禺路	51		广元路	华山路—衡山路
20	愚园路历史文化风貌区	愚园路	定西路—乌鲁木齐北路	52		宛平路	淮海中路—衡山路
21		武夷路	定西路—延安西路	53		高安路	淮海中路—建国西路
22	提篮桥历史文化风貌区	霍山路	东大名路—临潼路	54		乌鲁木齐南路	淮海中路—建国西路
23		惠民路	杨树浦路—临潼路	55		岳阳路	汾阳路—肇嘉浜路
24		舟山路	昆明路—霍山路	56		武康路	华山路—淮海中路

续表2-7

序号	所属历史文化风貌区	道路名称	路段范围分界线	序号	所属历史文化风貌区	道路名称	路段范围分界线
25	山阴路历史文化风貌区	山阴路—祥德路	四川北路—欧阳路	57	衡山路—复兴路历史文化风貌区	华亭路	长乐路—淮海中路
26		溧阳路	四川北路—宝安路	58		永嘉路	衡山路—陕西南路
27		甜爱路	甜爱公寓—四川北路	59		东平路	乌鲁木齐南路—岳阳路
28	虹桥路历史文化风貌区	虹桥路	环西大道—古北路	60		长乐路	常熟路—陕西南路
29	衡山路—复兴路历史文化风貌区	淮海中路	乌鲁木齐中路—重庆南路	61		延庆路	常熟路—东湖路
30		复兴中路—复兴西路	华山路—重庆南路	62		太原路	汾阳路—建国西路
31		香山路	瑞金二路—思南路	63		富民路	东湖路—巨鹿路
32		皋兰路	瑞金二路—思南路	64		永福路	五原路—湖南路

注：此表根据上海中心城 12 个风貌保护区内的 64 条"永不拓宽"的道路制作

三、市郊"古村镇"

中国传统村落，原名古村落，是指民国时代（1912—1949 年）以前建村，建筑环境、建筑风貌、村落选址未有大的变动，具有独特民俗民风，虽然经历久远年代，但是至今仍为人们服务的村落。这些村里不仅拥有物质形态和非物质形态文化遗产，而且具有较高的历史、文化、科学、艺术、社会、经济价值。2012 年 9 月，经传统村落保护和发展专家委员会第一次会议决定，将习惯称谓"古村落"改为"传统村落"，突出其文明价值及传承的意义。

　　为了保护这些传统村落不受到更大的破坏，住房和城乡建设部、文化部、财政部从 2012 年起组织开展了全国传统村落摸底调查，将具有重要保护价值的村落列入《中国传统村落名录》，同时确立了物质文化遗产、非物质文化遗产、传统村落遗产三大保护体系。① 至 2015 年底全国已有三批共 2555 个村落列入中国传统村落名录。② 在 2012 年 12 月 20 日公布的第一批 646 个中国传统村落中上海有 5 处入选，分别为：闵行区马桥镇彭渡村、闵行区浦江镇革新村、宝山区罗店镇东南弄村、浦东新区康桥镇沔青村和松江区泗泾镇下塘村。③ 其中，闵行区浦江镇革新村和松江区泗泾镇下塘村被认定为中国历史文化名村（如图 2-2 所示）。

　　此外，上海有 10 个古镇获得"中国历史文化名镇"称号，分别为：浦东新区的新场镇、高桥镇、川沙镇；青浦区的朱家角镇、金泽镇、练塘镇；金山区的枫泾镇、张堰镇；嘉定区的嘉定镇、南翔镇。④ 其中，嘉定镇、松江镇、朱家角镇、南翔镇在 1991 年被上海市人民政府列为首批上海市历史文化名镇，即上海四大古镇⑤（见表 2-8）。

---

　　① 住房城乡建设部、文化部、国家文物局、财政部联合下发《关于开展传统村落调查的通知》，建村 2012l58 号，2012-04-16.
　　② 中国传统村落网. 中国传统村落名录 2016-03-26 ［2018-01-19］http://www. chuantongcunluo. com/Gjml. asp.
　　③ 住房城乡建设部、文化部、财政部关于公布第一批列入中国传统村落名录村落名单的通知. 中国政府网 2012-12-17 ［2018-01-19］http://www. gov. cn/zwgk/2012-12/20/content_2294327. htm.
　　④ 中国历史文化名镇名村. 中华人民共和国住房和城乡建设部 ［2018-01-21］http:// www. mohurd. gov. cn/index. html.
　　⑤ 历史文化名镇. 上海市地方志办公室 ［2018-01-21］http://www. shtong. gov. cn/ node2/node2245/node64620/node64632/node64720/node64724/userobject1ai58542. html.

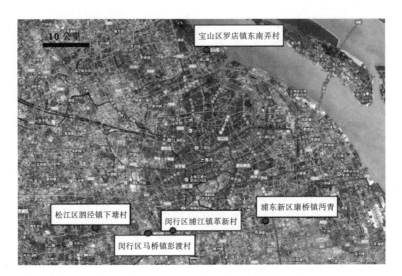

图 2—2　上海 5 处中国传统村落分布图

来源：地图依据百度上海市地图所制

表 2—8　历史文化名镇与风貌特色镇一览表

保护类型	城镇名称
中国历史文化名镇	浦东新区新场镇、高桥镇、川沙镇，嘉定区嘉定镇、南翔镇，金山区枫泾镇、张堰镇，青浦区朱家角镇、练塘镇、金泽镇
上海市历史文化名镇	松江区松江城厢镇
风貌特色镇	浦东新区六灶镇、大团镇、航头镇，嘉定区娄塘镇，青浦区徐泾镇、白鹤镇、重固镇，奉贤区庄行镇、青村镇，崇明区堡镇

小 结

20世纪90年代以来，以建设国际化大都市为目标的上海进行着城市开发。与此同时，在旧城改造和再开发的过程中，许多历史街区在新建住宅建设或市政建设中被破坏，留下的一些历史建筑也渐渐地被埋没到中高层商用建筑之后或是隐藏在了弄堂的深处。因此，为了保护这些城市历史景观不遭受更大的破坏，上海市政府在2002年制定了《上海市历史文化风貌区和优秀历史建筑保护条例》，并在中心城区和市郊分别规划了12片和32片历史风貌区来保护这些历史街区和历史建筑的风貌和文化景观。

然而，在前期的调查研究中发现①，上海部分历史街区在改造过程中只是外表保留着原有的历史风貌，内部却因历史原因，原本是一栋一户的建筑里住进了几户甚至是十几户的居民。例如，上海愚园路的镇宁路至乌鲁木齐路地块有老洋房55栋，其中居住利用的有45栋，仅有1栋是一栋一户居住，其余的都是一栋多户型老洋房并且每一栋都居住着5户以上的居民。随着人们生活模式的变化，这些老洋房里老旧的生活基础设施无法满足人们的日常生活需要。一些有条件的人搬离，有的老洋房里的部分房间出租给了外来人员，成了所谓的"群租房"；还有的老洋房里的部分房间出租给了一些生意人，用来开起了店铺。老洋房里出现了"居改非"（是指业主擅自将居住房屋改变为非居住使用，从事办公、商业、旅馆、仓储，甚至生产等经营活动的行为）的现象，形成了商住混合的状态。这些多户居住型和商住混合型老洋房内部大多已年久失修，加上居住者的职业、背景各不相同，文化层次参差不齐，人与人之间的交往相对减少，租

① 周霏，柴田祐，澤木昌典. 中国・上海市愚園路地区における「老洋房」の居住利用の持続性に関する研究［J］，日本建築学会計画系論文集，2012.77（676）：1373－1380. //周霏，李瑾，澤木昌典. 中国・上海市における民間事業所による「老洋房」の商業・業務利用［J］. 都市計画論文集. Vol. 48（2013）. No. 3. pp. 981－986.

赁关系复杂，造成了原有住宅结构破坏、居住环境恶化、邻里矛盾等问题的发生。因此，笔者认为有必要在研究如何保护历史街区风貌的同时，探讨居住功能转变后的合理性和居住适宜性问题。

2000 年以后，随着"思南公馆""武康路历史文化名街""巨鹿路欧洲风情街"等商业开发项目的陆续开业，历史街区已成为沪上旅游的新地标。然而，除了"思南公馆"是老洋房住宅街区的整体性开发外，其余一些老洋房开发项目基本处于半商业半住宅的街区内，在这些街区内老洋房的旅游开发会对周围老洋房里居民的居住安全和隐私保护产生影响。因此，在探讨商业开发对历史街区带来利与弊的同时，有必要完善和细化其保护体系和管理机制。

第三章　历史街区中居住空间的适应性："居改非"的灰色地带

本章以上海历史街区中的"居改非"现象为背景，探讨历史街区中居住空间的适应性。笔者以上海衡山路—复兴中路历史风貌保护区为例，对商住混合型老洋房的利用现状、入住者属性、居住现状等的调查与分析，明确"居改非"现状下老洋房的居住空间、租赁关系和管理上存在的问题。

第一节　背景与问题

上海作为中国历史文化名城之一，以近代建筑的多样性而闻名，被称为"东方的巴黎""世界建筑博览"。[①] 老洋房是在上海、天津、武汉、青岛等城市租界时期建造的别墅建筑。20 世纪 50 年代，在上海有 4000 多

---

① Ruan，Y. & Fang，D. (2006) Some thoughts on the strategy of protecting the historical and cultural metropolis of Shanghai [J]，Shanghai Urban Planning Review，2，pp. 18—20.

栋（建筑面积约 160 万平方米）老洋房，数量在这些殖民地城市中是最多的。[①] 在上海租界时期，老洋房被称为"豪宅"，是一个带有大花园的独栋住宅。[②] 1949 年中华人民共和国成立后，大部分老洋房被上海市政府没收，这些房子成为公有财产，用作政府机关办公楼、公共设施、公共住房等。[③]

改革开放后，我国社会在经济政策、土地政策、城市发展政策等方面发生了巨大的变化[④]，尤其是部分沿海城市和历史文化名城在城市更新的同时[⑤]，出现了诸如区域可持续发展、土地利用、城市化等城市问题[⑥]。20 世纪 90 年代以来，随着上海市区的城市更新，城市建设中大量的历史建筑被拆除。根据规定，225 栋老洋房已被确认为"优秀历史建筑"（如图 3-1 所示），这些优秀历史建筑由上海市政府负责监管，这些房子大部分被政府机关或商业机构使用。[⑦]

笔者以上海衡山路—复兴中路历史风貌保护区为例，对商住混合型老

---

① 费成康. 中国租界史 [M]. 上海：上海社会科学院出版社，1991. // 崔广录. 上海住宅建设志 [M]. 上海：上海科学院出版社，1998. // 郑祖安. 近代上海"花园洋房区"的形成及其历史特色，社会科学 [J]，2004（10）：92-100.

② 陈从周，章明. 上海近代建筑史稿 [M]. 上海：上海三联书店，1988. // 伍江. 上海百年建筑史（1840s—1940s）[M]. 上海：同济大学，1993.

③ 崔广录. 上海住宅建设志 [M]. 上海：上海科学院出版社，1998.

④ Wu，F.（2001）China's recent urban development in the process of land and housingmarketisation and economic globalisation [J]，Habitat International，25（3），pp. 273-289.

⑤ Leaf，M.（1995）Inner city redevelopment in China：Implications for the city of Beijing [J]，Cities，12（3），pp. 149 - 162.

⑥ He，S. & Wu，F.（2005）Property—led redevelopment in post—reform China：A Case study ofXintianDi redevelopment project in Shanghai [J]，Journal of Urban Affairs，27（1），pp. 1 - 23. Zhang，H.，Uwasu，M.，Hara，K. & Yabar，H.（2011）Sustainable Urban Development and Land Use Change—A Case Study of the Yangtze River Delta in China，Sustainability [J]，3（7），pp1074 - 1089. Zhang，L.（2008）Conceptualizing China's urbanization under reforms [J]，Habitat International，32（4），pp. 452-470.

⑦ Zhou，J.，Liang，J. & Chen，F.（2007）A study on the compilation and implementation of the conservation plan of historic areas—With Shanghai as the example [J]，Shanghai Urban Planning Review，4，pp. 80-84.

洋房的利用现状、入住者属性、居住现状等进行调查与分析，明确"居改非"现状下老洋房的居住空间、租赁关系和管理上存在的问题。

图 3-1　上海市历史文化风貌区老洋房分布图

第二节　历史街区的商业开发现状

一、衡山路—复兴中路历史风貌保护区

衡山路—复兴中路历史风貌保护区是上海首批以立法形式认定和保护的 12 个历史文化风貌保护区之一。它作为上海保护规模最大的风貌保护区，跨越徐汇、黄浦、静安、长宁四个区，其范围东至重庆中路、重庆南路，南接肇嘉浜路，西达华山路、江苏路，北到延安中路，总面积 7.66平方公里。其中徐汇区域 4.3 平方公里，有 950 栋优秀历史建筑，1774栋保留历史建筑，2259 栋一般历史建筑。

二、衡山路街区的商业变迁

本章选取衡山路地区作为调查对象。

衡山路，原名贝当路，1922 年由法租界公董局修筑，整条街全长 2.3 公里。在 20 世纪初，衡山路地区是法租界最著名的别墅住宅区，聚集了上海大部分的老洋房建筑。[①]

20 世纪 90 年代以来，衡山路一带的老洋房被改造成酒吧、咖啡厅和餐馆，衡山路地区成为上海最受欢迎的旅游休闲场所之一。[②] 自 2004 年起，衡山路及其周边街区被上海市政府规划为衡山路—复兴中路历史风貌保护区的一部分。衡山路—复兴中路历史风貌保护区是上海市中心城区中最大的"历史风貌保护区"，包括徐汇、卢湾、金安、长宁 4 个区，大约有 2000 栋的老洋房。[③] 在衡山路—复兴中路历史风貌保护区中，徐汇区占地面积最大，有 1336 栋老洋房（建筑面积约 65.7 万平方米），但只有 69 栋优秀历史建筑。其他未被认定的老洋房面临着花园扩建、旧住宅改造、商住改造等违法搭建问题。因此，笔者选取了衡山路及其周边道路作为衡山路—复兴中路历史风貌保护区的调查区域。

笔者对衡山路地区的老洋房进行了观测调查和采访调查。观测调查，包括对老洋房外观和内部使用情况的调查。采访调查是对老洋房租户的采访。租户既包括商铺业主，也包括居住在老洋房中的居民。被采访者需要回答老洋房的实际状况评价和保护意识等问题。

---

① Shanghai Bureau of Housing, Land and Resources Administration（1999）Reform of Shanghai Real Estate Industry and Review of its Development，Vol. 9.

② 王占柱，毕悦平. 建筑的文化伦理——衡山路酒吧一条街随想 [J]. 上海艺术家，2003（3）：20—20.

③ 周武. "西区"的开发与上海的摩登时代 [J]. 上海师范大学学报（哲学社会科学版），2007，36（4）：97—100.

第三节　居住空间的"居改非"

一、老洋房的利用分类

在调查对象地有老洋房 288 栋，其中有 33 栋为优秀历史建筑。根据调查，288 栋老洋房中，居住使用有 209 栋（其中包括 6 栋优秀历史建筑），商业或办公使用有 53 栋（其中包括 27 栋优秀历史建筑），商住混用有 26 栋。

居住使用的 209 栋老洋房为一栋多户，这些住宅的外观大多都已修复。在作为商业或办公使用的 53 栋老洋房中，有 14 栋被改造为餐馆（其中包括 1 栋优秀历史建筑），有 13 栋被改造为政府机关办公楼（其中包括 10 栋优秀历史建筑），有 6 栋被改造为研究机构办公楼（其中包括 3 栋优秀历史建筑），有 4 栋被改造为咖啡馆，有 4 栋被改造为民营企业办公楼（其中包括 2 栋优秀历史建筑），有 3 栋被改造为学校（都为优秀历史建筑），有 3 栋被改造为领事馆（都为优秀历史建筑），有 3 栋被改造为酒店（其中包括 2 栋优秀历史建筑）、有 3 栋被改造为酒吧（其中包括 1 栋优秀历史建筑），有 1 栋被改造为整形外科医院。这些老洋房的所有权属于上海市政府、人民解放军、国有企业等，房子的外观和内部已经由业主或租客进行修缮。

笔者发现，在商住混用的老洋房中，一些房间被改造成各种商铺。有些老洋房中不仅一楼沿街的房间被改造成商店，而且有些商铺还扩建到了花园或是人行道。在商住混用的环境中居民的生活受到了多方面的影响，这些商铺中存在的非正式的租赁关系和非法改造成为历史街区中居住空间的灰色地带。

二、商住混合型老洋房的商用现状

（一）居住使用的实际情况

据调查，商住混用的 26 栋老洋房都为一栋多户型居住模式，大部分为多户共用一个厨房和一个卫生间。由于商铺"居改非"导致这些房子里的房屋结构发生了变化，产生了居住安全隐患。几乎所有商铺都在房子的公用区域或花园里堆放杂物。例如，当老洋房的一楼被改造为餐厅时，厨房排放油烟导致房子的内外环境受到影响。笔者发现，不仅餐馆如此，而且其他商店如服装店、五金店、客栈，也把他们的商品放置在老洋房的公用区域，使得公用的走廊或花园显得狭窄肮脏，导致这些老洋房产生了生活环境问题。

（二）商业使用的实际情况

26 栋商住混用型老洋房中共有 47 家商铺。这 47 家商铺中，有 15 家服装店、6 家餐厅、4 家咖啡馆、3 家五金店、3 家小客栈、2 家酒吧、2 家画廊、2 家房地产中介公司、2 家公司办公室、1 家补习班、1 家乐器店、1 家希腊商品店、1 家印刷公司、1 家葡萄酒销售店、1 家花店、1 家美容美发店和 1 家工艺品商店。

这 26 栋老洋房都为沿街建筑，在 26 栋中有 8 栋为一栋房子里有两个或更多的商店。从这些商铺的位置来看，47 个商铺中有 32 个商铺在一楼、11 个商店在老洋房的附属建筑内、4 个商铺在老洋房花园里的扩建建筑内（如图 3-2、图 3-3 所示）。

在商业使用之前，几乎所有的老洋房都由店主装修过。在 47 家商铺中，28 家商铺的外观和内部都被修复过，如画廊、房地产公司、办公室、补习学校、服装店，等等。其他 19 个商铺在改造时没有对老洋房内部进行完全修缮，如餐厅、咖啡店、五金店、客栈等房间内的天花板、地板、墙壁都显得暗黄老旧。为了适应各自商店的营业需求，大部分的老洋房原有的门窗都被改造成新的款式。由于改造过多，一些老洋房的风格完全被破坏，完全失去了建造当初的建筑风貌特色，与周边其他历史建筑格格不入。

图 3-2　老洋房一楼沿街开设的商铺

图 3-3　老洋房一楼外墙扩建的商铺

　　笔者也发现了一些老洋房的商业和居住共用的好例子，如在调查区域内的画廊和办公室。当徐汇区政府修缮了房屋的外观和公共区域后，画廊的主人对房间的内部进行恢复性修缮，房间被改造成画廊时，老洋房一楼的内部结构几乎没有变化，因此这座房子得到了完好的保护。

　　除了这26栋老洋房外，笔者发现在调查区域内的其他老洋房里有3间空房和2间正在装饰的房间，而这些房间之前都被改造成了商铺（如图3—4所示）。

图3—4　老洋房花园里正在扩建装修的店铺

第四节　商业改造对居住空间的影响

一、老洋房的租赁关系与管理状况

　　从老洋房在上海各区的分布来看，徐汇区面积最大，有62.4万平方米（约占全市老洋房的39%）（见表3—1）。笔者通过对徐汇区市房屋土

地管理局的采访，明确了老洋房的权属和经营。老洋房的所有权可分为以下三类：

（1）"直管公房"，属于上海市政府或中国人民解放军。

（2）"自管公房"，属于政府机构、公立学校、公立医院等。

（3）"私有资产"，住房属于个人、私营企业、私立学校、私立医院等。

居住在"直管公房"内的居民，仅有房屋使用权。但是，对于"自管公房"和"私有资产"，业主的产权可以买卖。

根据不同的所有权，相应的管理者也不同。老洋房是"直管公房"，由上海市政府管理。就"自管公房"和"私有资产"而言，房屋的修缮和管理由业主负责。

徐汇区住房和土地管理局 J 先生说：

所有"直管公房"的修缮和管理资金主要来自上海市政府，但每年有限的资金已无法满足大量老洋房的修缮工作。与"自管公房"和"私有资产"相比，区政府更重视的是"直接管理的公共住房"，尤其是对优秀历史建筑的监督和管理，因为没有正式的装修管理标准和政策，除了对优秀历史建筑以外的一般历史建筑很难监管。优秀历史建筑的管理必须遵循《上海市历史文化风貌区和优秀历史建筑保护条例》的指导方针。

表3-1　老洋房在上海各区分布图

行政区	老洋房面积（万平方米）	比例（％）
徐汇区	62.4	39
长宁区	46.4	29
黄浦区	14.4	9
静安区	12.8	8
虹口区	11.2	7
其他各区	12.8	8

二、老洋房居住环境评价

为了了解租户对老洋房的保护意识，笔者挑选了 47 家商铺店主以及 150 户居民作为采访对象。最终，47 家商铺的店主和 96 户居民回答了问卷调查的问题。访谈调查的结果如下（见表 3—2）。

66% 的店主年龄在 20~39 岁之间，42.7% 的居民年龄为 60 岁及以上，占每个群体中最大部分。超过 80% 的店主来自其他省份（包括香港和澳门）和其他国家或地区。本地常住人口仍然是老洋房的主要居民。我们发现，和 23.4% 的店主一样，有 3.1% 的居民也住在老洋房的附属建筑中。大多数的商铺和居民房间的面积都少于 40m²。91.5% 的商铺是在过去的 10 年中开业，55.2% 的居民在老洋房居住超过 30 年。超过 30% 的居民对居住环境或住房的现状表示不满。

一位本地居民，69 岁 C 先生告诉我们：

"这里商住混用型的老洋房都归徐汇区政府所有。由于住房功能的不便和生活环境的恶化，近年来越来越多的本地年轻人搬走后，把房子租给了新房客（包括商铺用房）。厨房和卫生间是多户共用的，原有的房屋结构和电线由许多新住户改造，由于这些旧房子没有消防通风设备，生活安全成为严重的问题。"

有约 30% 的店主对目前的状况表示不满或非常不满，原因是生意不好、营业面积小或租金太高。

历史街区中居住空间的适应性:"居改非"的灰色地带

表 3-2　受访者情况与居住满意度评价

类别		选项	店主 N=47 (%)	居民 N=96 (%)
受访者情况	年龄	20 岁未满	2.1	0.0
		20 至 39 岁	66.0	21.9
		40 至 59 岁	29.8	35.4
		60 岁及以上	2.1	42.7
	性别	男性	25.5	28.1
		女性	74.5	71.9
	籍贯	上海市	14.9	75.0
		其他省市	78.7	25.0
		其他国家或地区	6.4	0.0
房屋情况	房屋类型	在老洋房的主体建筑内	68.1	96.9
		在老洋房的附属建筑内	23.4	3.1
		在老洋房的扩建建筑内	8.5	0.0
	房屋面积 (平方米)	小于 20 平方米	12.8	5.2
		20~39 平方米	61.7	45.8
		40~59 平方米	14.9	34.4
		60 平方米以上	10.6	14.6
	入居时间	10 年未满	91.5	14.6
		10~19 年	8.5	12.5
		20~29 年	0.0	17.7
		30 年以上	0.0	55.2
现状满意度评价		非常满意	14.9	16.7
		满意	23.4	19.8
		一般	25.5	28.1
		不满意	27.7	32.3
		非常不满意	8.5	3.1

其中一位店主,26 岁的 L 女士经营一家小杂货店,她告诉笔者:

"这家店是2年前开业的。我和家人来自浙江省，丈夫、两个女儿和我一起住在这家店里。这个地区房租太贵，生意继续不好的话，这家店就不能维持下去了。"

从对老洋房的保护意识来看（见表3-3），有61.7%的店主和58.3%的居民回答："有必要保护老洋房。"然而，其余38.3%的商铺业主和41.7%的居民表示"不关心"或认为"没有必要保护老洋房"，他们认为这些房屋归上海市政府所有，保护工作应该由政府来做。

一户居民，64岁的C女士和67岁的K先生告诉我们：

"我们不满意居住环境，因为房子的公用区域总是被商店占据，在公共走廊或花园里总是堆积着货物。"

居住在一楼的51岁Z女士说：

"因为这里的房子很多被改造成了商店，平时白天黑夜都有陌生人在房子里进进出出，相当混乱。所以内部的居住环境要比没有被商业改造前要差很多，居住安全也受到很大的影响。"

表3-3　对老洋房的保护意识与建议

类别	选项	店主 N=47（%）	居民 N=96（%）
老洋房的保护意识	有必要保护	61.7	58.3
	不关心	34.0	21.9
	没有必要保护	4.3	19.8
对老洋房现状的建议	老洋房的日常维护	21.3	47.9
	建立老洋房的长效管理机制	10.6	14.6
	提供维修基金	59.6	5.2
	控制违法搭建	2.1	24.0
	保护老洋房的历史氛围	6.4	8.3

为了了解住户对老洋房保护的意见和建议，笔者设置了如"老洋房的维护""建立老洋房的长效管理机制""提供维修基金""控制违法搭建"

"保护老洋房的历史风貌"等问题。从结果来看，59.6%的店主认为"提供维修基金"是老洋房保护的关键问题。大多数商铺业主认为，老洋房属于徐汇区政府，政府应该提供足够的资金来修缮和管理房屋。

五金店老板，来自四川43岁的D先生说：

"房子是政府的，政府应该出钱定期维修。"

但在居民的意见中，人们认为"老洋房的日常维护"或"控制违法搭建"比老洋房的维修资金更重要。因为大多数居民认为政府应该定期修缮房屋内部，而不仅仅是对房子的外墙进行修补。

72岁的居民M先生认为：

"政府应该制定政策来控制房屋的非法扩建或改造，以改善老洋房的居住环境。"

表3-4分析了住户对老洋房管理方法的看法。结果表明，"政府提供资金让商户和居民共同管理老洋房"是商户（70.2%）和居民（61.5%）最期待的。据采访得知"政府雇用物业公司管理老洋房"是老洋房的管理方法，但被调查者认为老洋房没有得到物业公司的良好管理。因此，一些受访者建议政府撤销物业公司，尽量提供资金，让商户和居民共同管理和修缮老洋房。

在对老洋房可持续利用的调查中，61.7%的商铺业主和42.7%的居民认为，他们希望保护老洋房，让店铺继续在老洋房里经营。据调查，一些居民认为他们可以在这些老洋房的商店里更方便购买东西。

62岁的居民X女士说：

"我们经常在楼下的面店吃饭的，老板一直给我们打折。"

同时一些店主认为，当他们在老洋房里开店，周边的居民可以成为常客。

46岁的饭店老板K先生说：

"邻居们常来我们饭店吃饭，我们关系都挺好的，大家都互相照顾。"

表 3-4　老洋房的可持续利用和管理机制

类别	选项	店主 N=47（%）	居民 N=96（%）
老洋房的管理机制	政府雇用物业公司管理老洋房	25.5	38.5
	政府提供资金让商户与居民共同管理老洋房	70.2	61.5
	商户与居民共同出资管理老洋房	4.3	0.0
老洋房的可持续利用	可作为商住混用	61.7	42.7
	只作为商业利用	38.3	15.6
	只作为居住利用	0.0	38.5
	其他	0.0	3.1

小结

根据调查，大多数商住混用型的老洋房都面临着居住环境、非正式租赁和违章改造等问题。虽然"直管公房"属于上海市政府，政府有责任提供维修基金管理房子，但是在上海的公共住房政策改革中，由上海市政府提供每年的维修基金（上海市规划和国土资源管理局，1997），而将老洋房的管理责任分摊到每个区政府。[①] 由于维修基金有限，住宅内部环境结构复杂，导致这些房屋内部维修变得越来越困难。[②]

与老洋房的生活功能和拥挤的居住环境相比，年轻一代选择搬入新的商品房，并出租了老洋房里的房间。根据《上海房屋租赁条例》（第8和

---

① Shanghai Municipal Bureau of planning and land resources administration，Regulations of public housing in cities and towns of Shanghai（1997），http：//www. shgtj. gov. cn/zcfg/zhl/199705/t19970527_270388. html（accessed23December2016）.

② 樊文婷. 对一幢老上海花园洋房的调研和分析. 山西建筑 [J]，2008，34（19）：34－35. //Zhou, F. , Shibata, Y. &. , Sawaki, M. （2012）A study on sustainability of residential use of "Old Villa House" in Yuyuan road area of Shanghai China, Journal of Architectural Institute of Japan, 77（676），pp. 1373－1380.

11 条，2010）和《上海市城镇公共住房实施细则》（第 22 条，1991）规定，二房东和承租人应当签订书面租赁协议，而承租人不得改变房屋的使用性质。① 此外，根据《上海市城乡规划条例》规定，重建、扩建或改造的公有住房，承租人必须获得同一楼的其他居民全体同意，并与业主签订的协议。②

然而，商住混用的老洋房所有权属于上海市政府，居民只有老洋房的使用权，新承租人和原居民之间没有书面租赁协议，这导致非正规租赁在这些房屋非法改造。如何对非正式租赁进行监管，是改善居住环境、控制老洋房违法改造和扩建的关键。

近年来，住房价格的快速上涨使得中低收入城市居民特别是大城市的住房成本上升，上海二手房市场也持续升温。上海市房地产协会的统计数据显示，至 2010 年，老房子的房价上涨了 100％，达到 200％，60％以上的购房者是投资者（上海市房地产协会 2011 年报告）。然而，在房屋租赁市场，许多低收入和中等收入的新移民以非正式的方式租当地居民的公有住房③，尤其是在"直管公房"的情况下，不仅老洋房，而且里弄或其他历史建筑同样存在非正式租赁问题。如何对非正式租赁市场进行管理和监督，是未来几年政策制定者需要解决的重要课题之一。

为了突出历史文化名城的保护，上海市政府已经在《上海市城市总体规划（2017—2035 年）》中设定了"保护历史文化遗产"的目标，保护重点在"提高文化保护体系""突出特色保护"与"创新文化保护机制"。④近年来，上海、武汉、福州等历史文化名城由于历史建筑和历史街区的非

① 上海市人民代表大会，上海房屋租赁条例，（2017－12－15）［2016－12－26］. http://www. mohurd. gov. cn/zcfg/dffggz/200611/t20061101 _ 159138. html.

② 上海市城市管理行政执法局，《上海市城乡规划条例》，（2017－12－15）［2016－01－09］. http://cgzf. sh. gov. cn/main/news _ 123. html.

③ Wu, F. （2016）Housing in Chinese Urban Villages: The Dwellers, Conditions and Tenancy Informality, Housing Studies, 31: 7, pp. 852－870.

④ 市政府新闻发布会介绍《上海市城市总体规划（2017－2035 年）》相关情况，上海市人民政府官方网站（2018－2－15）［2018－01－04］. http://www. shanghai. gov. cn/nw2/nw2314/nw2319/nw12344/u26aw54640. html.

法商业化改造①，也面临着居住环境问题。因此，建立统一的城市居住环境治理体系，对于控制和防止未来不同城市出现的相同问题具有重要意义。

———————

① 武汉"老洋房"九成多为商业用途自住不到一成. 荆楚网 [DB/OL]. （2017－12－2）[2012－09－11]. http://news. cnhubei. com/xw/wuhan/201209/t2221290. shtml. //福州仓山老洋房背后故事多建议尽量留下原住民，东南网 [DB/OL]. （2017－12－2）［2013－10－22］. http://news. fjsen. com/fj/2013－10/22/content _ 12814528 _ all. htm.

第四章　历史街区中居住者的适应性：被"半公开化"的居住环境

　　本章以市郊历史街区被"半公开化"的居住环境，探讨历史街区中居住者的适应性。在城市化的背景下，商业开发已成为上海市郊历史街区保护的主要模式之一。笔者以上海市郊五处"传统村落"为例，通过田野调查，分析在商业开发过程中，原有人口结构、生活形态等发生的变化，探讨市郊历史街区商业开发后对原住民的居住环境产生的影响。

第一节　背景与问题

　　传统村落，又名古村落，是指民国以前建村，建筑环境、建筑风貌、村落选址未有大的变动，具有独特民俗民风，虽年代久远，但至今仍为人们服务的村落。这些村里不仅拥有物质形态和非物质形态文化遗产，而且具有较高的历史、文化、科学、艺术、社会、经济等价值。2012年9月，经传统村落保护和发展专家委员会第一次会议决定，将习惯称谓"古村落"改为"传统村落",突出其文明价值及传承的意义①。

在城市化飞速发展的背景下,传统村落里的人口结构和生活形态也慢慢地发生着变化。本地青年大量外迁,传统村落里的老龄化问题日趋严重,不少耕地被废弃,一些民俗文化陷入后继无人的窘境。与一些中小城市不同的是,分布在大城市周边的传统村落在面临人口老龄化、本地青年流失的同时,逐渐迁入大批外来流动人口。大量外来人口的迁入所导致的"群租房"和传统民居私自改建等问题,给大城市周边传统村落保护带来了新的课题。②

在 2012 年 12 月公布的第一批 646 个中国传统村落中,上海有 5 处入选,分别为:闵行区马桥镇彭渡村、闵行区浦江镇革新村、宝山区罗店镇东南弄村、浦东新区康桥镇沔青村和松江区泗泾镇下塘村。③ 为了了解对象村落城市化发展的现状、生活形态、人口结构及存在的问题,笔者对上海市郊入选《中国传统村落名录》的 5 处村落开展了田野调查(如图 4-1所示)。

---

① 名城报. 我国传统村落保护和发展专家委员会在京成立专家委员会第一次会议同时举行 [N/OL]. 南京市规划协会,2012-12-31 [2016-10-06]. http://njuprc. com/Union/Union/UnionInfoDetail. aspx? CategoryID = 2d92e18f － bd96 － 4718 － 8ab9 － 66d0257890d4&InfoGuid = e37c7bdb－a9a6－4bc9－9975－582a802547b3♯aTop.

② 曹玮,胡燕,曹昌智. 推进城市化应促进传统村落保护与发展 [J]. 城市发展研究,2013,20 (8). //蔡育新,冼挺超. 古村落保护和开发利用思路探讨——以东莞市南社古村为实例 [J]. 小城镇建设,2008 (12):14－20. //李枝秀. 古村落保护模式研究——以江西为例 [J]. 江西社会科学,2012 (1):238－240. //叶定敏,文剑钢. 新型城市化中的古村落风貌保护研究——以楠溪江芙蓉古村为例 [J]. 现代城市研究,2014 (4):30－36. //张玉民. 关于古村落与传统文化保护利用的思考 [J]. 山西建筑,2015 (5):14－15.

③ 参见中国传统村落网,中国传统村落名录,http://www. chuantongcunluo. com/Gjml. asp,2016 年 3 月 26 日. //参见住房城乡建设部、文化部、财政部关于公布第一批列入中国传统村落名录村落名单的通知,http://www. gov. cn/zwgk/2012－12/20/content _ 2294327. htm,2012 年 12 月 17 日.

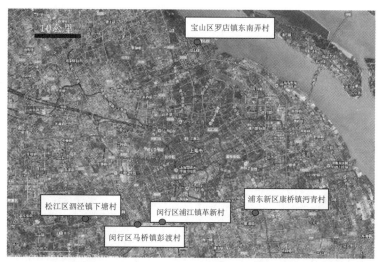

图 4-1　上海市郊入选《中国传统村落名录》的 5 处村落

来源：作者依据百度上海市地图绘制

第二节　城市化变迁下传统村落的发展

一、上海市郊传统村落的保护现状

（一）闵行区马桥镇彭渡村

彭渡村位于闵行西南角，东至昆阳路，南靠黄浦江，西至女儿泾交界，北至江川路沿线，村域面积约 3 平方公里，至今已有 300 多年历史，总人口 17108 人。[①] 从彭渡村的保护现状来看，村子的外围几乎被工厂所包围，初到此地之人很难寻觅到它的准确位置。进入村后，明清风格的建筑仿佛让人穿越到了另一个时空。然而，破损的房屋、脏乱的街道、年迈的村民却让这个传统村落显得沧桑。

村委会表示，全村 4400 多户居民中，本地村民只剩下 1400 多户。村

---

① 参见闵行区马桥镇彭渡村概况，http://mhmqpd.shagri.com/，2016 年 3 月 26 日.

子里的农田所剩无几，村民们大多都在周边工厂打工。村子里大部分的房屋被转卖给私人，还有一部分属于镇房管所，九成以上的房屋被租借给了外来流动人口，村里也无权干涉。这些老宅之所以保护和管理困难，原因就在于复杂的产权关系。现在村里居住的本地村民大多都是老年人（如图4-2所示）。

图4-2　闵行区马桥镇彭渡村

（二）闵行区浦江镇革新村

革新村位于浦江镇最东侧，南及东比邻浦东新区，西邻浦江镇的胜利、群益、联胜三村，北依沈莊塘，村域面积1.5平方公里，至今已有800多年历史。全村有14个村民小组，总人口4425人。[①]

随着革新村召稼楼老街的开发建设，"召稼楼古镇"已变成了革新村的名片，镇里只要一提到革新村就知道是"召稼楼古镇"。召稼楼横跨元、明、清三个朝代，自从2008年走上古村落开发之路起，召稼楼就声名鹊起，一期工程开发了三条商业街——保南街、南长街和北长街，重修了

---

① 参见闵行浦江镇情概况，http://www.pujiangtown.gov.cn/，2015年7月8日。

"礼耕堂""资训堂"等百年建筑，统一规划，整体开发，帮古镇吸引了越来越多游客。然而从保护现状来看，已开发的三条商业街上的老建筑经过翻新处理后的黑瓦白墙，显得特别"精神"（如图4-3所示）。而在相邻几条未被开发的街上，一些老建筑经过时间的风化显得有些破旧却又不失自然古朴的风格。在同一空间上形成了鲜明的对比。

住在与保南街相交的一条尚未被开发的巷子里的一位老先生表示，他和老伴是革新村本地人，在这里生活了70多年，召稼楼一期开发中许多是仿古建筑，他们居住的这条街属于二期开发的范围，因为镇里规划办的资金不足，8年来都未有政策下达。现在村里的本地青年人大多都搬了出去，剩下的都是老年村民。

图4-3　闵行区浦江镇革新村召稼楼

（三）宝山区罗店镇东南弄村

东南弄村位于罗店镇东首（如图4-4所示），村域面积为0.96平方公里，总人口5131人。① 随着罗店镇大型居住社区基地的建设和地铁7

———————

① 参见上海宝山罗店，http://www.jinluodian.gov.cn/，2016年3月28日。

号线美兰湖站的开通，东南弄村周边建起了越来越多的新建住宅小区，从村落的保护现状来看，许多原本白墙黑瓦翘檐的老建筑被改建成了钢筋水泥结构的现代化样式。村里的韩家湾被填埋改成了街道，横跨小河的丰德桥成了旱桥，完全看不出昔日小桥流水的江南水乡风光。听村民介绍，由于村子里的房屋产权归属不同，一些村民迫切想要改善老旧的住房条件，造成了村落的历史风貌被改变。

此外，从罗店镇文化活动中心了解到，伴随传统村落的老龄化，一些民俗文化也陷入后继乏人的窘境。当年罗店龙船"轻竞驶、重观赏"，在长三角地区独树一帜，在东南弄村的韩家湾有许多制作工匠。然而，现在罗店龙船的制作传人已年过八旬，想要更好地保存这项传统民俗，只能通过电脑数字技术记录工艺步骤来弥补缺失。

图 4-4　宝山区罗店镇东南弄村

（四）浦东新区康桥镇沔青村

沔青村位于康桥镇最东部，东与孙桥镇新丰村、周浦镇棋杆村为界，南与人南村为邻，西与人西村毗连，北与张江镇接壤，川周公路、城市外环线与康桥东路横贯南部、中部、北部地区，村域面积为 1.71 平方公里，总人口 6034 人（如图 4-5 所示）。[①]

从保护现状来看，沔青村与周边其他村子一样，是一个尚未被商业化开发的传统村落，村子里连片分布着近 500 间传统民居，保存着清末民初的风格，但许多老建筑都已年久失修，居住环境脏乱。村里只有老人们还说着本地话，而很多居住在这里的中青年人和孩子都是从外地来此租住的。村里到处可以看到房屋出租的广告。

图 4-5　浦东新区康桥镇沔青村

（五）松江区泗泾镇下塘村

下塘村即泗泾古镇，建于宋代，兴于元代。地处上海市西南部、松江区东北部、泗泾镇中部、泗泾塘两侧。1950 年经政府统一镇区划分，将下塘村并入中西居委会，现统一归中西居委会管辖。现在的下塘已非传统意义上独立的自然村落，而是属于泗泾镇的一部分，和周边的城镇片区结

---

① 参见上海浦东康桥，http://kangqiao. pudong. gov. cn/portal/index/index. htm，2016 年 3 月 28 日。

合在一起。泗泾镇总面积 23.48 平方公里，总人口 94279 人。[①]

从保护现状来看，古镇的整体性保护较完整，村落的历史面貌没有受到太大破坏，但一些老宅因年久失修显得十分破败。沿古镇的主干道开江中路两旁的店铺大多都被改造成现代化的风格，只有登上古镇街口的"安方塔"，才能看清其规模，感受其百年古韵（如图4-6所示）。

随着城镇化建设的蓬勃发展，泗泾地区的新城开发如火如荼，在周边新建住宅小区的包围下，古镇渐渐成了一座"孤岛"，与周边的现代化建筑格格不入。居住在沿街老宅的一位老先生告诉我们，原先住在古镇上的小一辈早已搬到周边的的新建小区去了，现在这里的居民九成都是外来人员，他们随意改造房屋、私拉电线，对老房子的居住安全造成了不少隐患。

笔者在对上海市郊5处传统村落的田野调查中发现，在城市化发展的背景下，这些村落里生活形态已从原有的"务农"转变为了"务工"。由于本土青年人的外迁和外来流动人口迁入，村子里的人口结构倾向于向老龄化和外来化。

图4-6 松江区泗泾镇下塘村

① 泗泾镇编史修志领导小组. 泗泾镇志 [M]. 上海：上海社会科学院出版社，1989：5.

二、上海市郊传统村落的开发现状

笔者在调查中发现，由于城市化发展，这 5 处村落的生活环境、生活形态和人口结构都发生了根本性的变化。从城市化发展的程度来看，可将这些村落分为已开发型、半开发型和未开发型三种类型。

（一）已开发型村落

闵行区浦江镇革新村为已开发型的传统村落。从 2008 年起，革新村的召稼楼古镇开启了以旅游开发为目的的修复改造工程，目前已修复了三条商业街，分别为保南街、南长街和北长街，重修了"礼耕堂""资训堂"等百年建筑。然而在相邻几条未开发的老街上，一些老建筑因年久失修显得破败不堪，与周边已开发区域形成了鲜明的对比。由于村里的本地青年大多都已外迁，剩下的都是等待古镇二期开发时动迁的老年村民。在未开发区域中，许多房子都已租给了外来流动人口，有些无人管理的房子已荒弃多年。

（二）半开发型村落

松江区泗泾镇下塘村为半开发型的传统村落。下塘村现名泗泾古镇，1950 年经政府统一划分，将下塘村并入泗泾镇中西居委会管辖，现在的下塘村已非传统意义上独立的自然村落，而是属于泗泾镇的一部分，和周边区域结合在一起。① 自 2012 年下塘村入选为第一批中国传统村落以来，本着"修旧如旧"的原则，松江区政府对泗泾古镇的部分老建筑进行了修缮和改建，泗泾古镇走上了旅游开发的道路。由于缺乏进一步的规划和管理，古镇主干道开江中路两旁的老建筑大多都被改造成现代化风格的店铺，破坏了村落原有的历史面貌。近年，泗泾古镇周边城市化发展加快，不少当地居民搬进了周边的新建住宅，把原有的老宅出租给了外来流动人口，由于这些老宅都为一宅多户型居住模式，因此内部的居住空间较为狭小，共有部分的环境杂乱。

---

① 参见上海宝山罗店，http://www.jinluodian.gov.cn/，2016 年 3 月 28 日。

（三）未开发型村落

未开发型的传统村落有三处，分别为闵行区马桥镇彭渡村、宝山区罗店镇东南弄村和浦东新区康桥镇沔青村。从这三处村落的保护现状来看，村子外围几乎都被工业区所包围，村落里的生活形态基本已从原有的"务农"转变为了"务工"，由于本地青年的外迁和外来人口的涌入，村子里的人口结构也随之向老龄化和外来化发展着。以闵行区马桥镇彭渡村为例，全村4400多户居民中，本地村民只剩下1400多户，且大多都为中老年人。村子里的农田所剩无几，许多村民都已弃耕抛荒转而在周边工厂打工。村子里大部分的房屋早已被转卖给私人，还有一部分属于镇房管所所有，九成以上的房屋被租借给了外来流动人口。复杂的产权关系是导致这些老宅保护和管理困难的主要原因。

第三节　商业开发对市郊历史街区居住环境的影响

城市化发展导致上海周边传统村落的人口结构发生了巨大的变化。为了了解不同开发类型对传统村落人居环境的影响，笔者在田野调查的过程中对对象村落里的本地居民和外来流动人口分别做了采访。

一、本地青年外迁与村落人口老龄化

在田野调查中我们发现，上海市郊的五处传统村落中许多老建筑都已年久失修，而住在这些老宅里的居民大部分是外来流动人口，特别是在闵行区马桥镇彭渡村、浦东新区康桥镇沔青村和松江区泗泾镇下塘村，剩下的本地居民几乎都是老年人。

从闵行区马桥镇彭渡村的"老年活动中心"P主任处了解到：

"由于村里的房屋损坏严重，雨天房顶漏水、墙面渗水时常发生，镇房管所因为缺乏资金，每次对老房子的维修只是小修小补，没有解决根本性的问题。近几年随着闵行新城的开发，村里的青年人渐渐搬了出去，如今几乎只剩下老年村民，为此镇政府特别改建这处老年活动中心。"

在浦东新区康桥镇沔青村，一位在村里生活了六十多年的 F 女士告诉我们：

"这几年，随着川沙新城的开发，周边建起了许多新的住宅小区，由于这些年村里的居住环境越来越差，村里有条件的人基本都已搬迁，许多房子被出租给了外来人员。现在村里还有一些空置房屋等待出租，而房东早已搬进了周边的新建住宅小区。据村委会的初步统计，现在住在村里的本地村民只有 1500 人左右，而外来人口已超过 6000 人。"

从采访中可以发现，上海市郊的传统村落之所以留不住本地青年，其主要原因在于村子里越变越差的居住环境和老宅里不便的生活设施已无法满足当今年轻人的需求。所以，村里的年轻一代逐渐外迁，随之将老宅出租给了外来流动人口。

二、外来人口涌入与村落居住承载力过剩

在闵行区马桥镇彭渡村的老街上，L 女士接受了我们的采访：

"我是一年前从山东老家来彭渡村周边工厂打工，在村里共同租借了一间十多平方米的房屋，雨天屋顶会渗水但不影响居住。房子是从本地居民处直接租借的，所以租金便宜。原本屋内没有厨卫设施，自己搭建了厨房，村里有公共厕所，对于老房子的居住安全性没有太多考虑。在这里只是临时打工，过些日子就会去其他城市工作。"

在闵行区浦江镇革新村，近年依托召稼楼古镇的旅游开发吸引了不少外来创业者和打工者。一位经营烧饼铺的 H 女士告诉我们：

"我从浙江余姚来上海打工好多年了，两年前我和丈夫一起来召稼楼做生意。这条街上的老宅是浦江镇政府统一修缮后对外招租，我们租的房子有 16 平方米左右，分为上下两层，一层为店铺，二层为一家四口的卧室。现在古镇上三分之二的店铺老板都不是本地人，因为租金便宜，他们大多都租住在镇上。"

在调查中我们发现，生活在这些村落中的外来人口，有些在村落周边

工厂打工，有些在古镇老街上做生意，但几乎所有的人都是因为低廉的租金才选择租住在这些老宅里。大多数家庭都是一家三五口人住在一间十几平方米的房屋内，且没有独立的厨房和卫生设备。这些老宅大多都已年久失修，不少屋子都处于破窗烂瓦的状态，有些"群租房"里的私搭乱建导致老宅里的居住安全隐患重重。

由于年龄层次、文化程度和生活习惯的不同，村子里的本地住民与外来流动人口之间几乎没有太多的交流。随着越老越多的老宅被低价租给外来人员，村落的居住承载力也几乎饱和，老宅里的"群租房"、沿街房屋的"居改非"等问题日趋严重，导致这些村落中的居住环境恶化。

第四节　改善居住环境、留住本地青年

一、政府的政策支持

自 2012 年第一批《中国传统村落名录》被公布以来，为指导各地做好传统村落保护工作，国家住房城乡建设部于 2013 年 9 月发布了《传统村落保护发展规划编制基本要求（试行）的通知》（建村〔2013〕102号）。① 在此基础上，为防止出现盲目建设、过度开发、改造失当等修建性破坏现象，积极稳妥推进中国传统村落保护项目的实施，国家三部一局（住房城乡建设部、文化部、财政部和国家文物局）于 2014 年 4 月联合出台了《关于切实加强中国传统村落保护的指导意见》（建村〔2014〕61号），主旨通过中央、地方、村民和社会的共同努力，使列入中国传统村落名录的村落文化遗产得到基本保护，具备基本的生产生活条件、基本的防灾安全保障、基本的保护管理机制，逐步增强传统村落保护发展的综合

---

① 中华人民共和国住房和城乡建设部. 住房城乡建设部关于印发传统村落保护发展规划编制基本要求（试行）的通知 [EB/OL]. 住房和城乡建设部信息中心，2013-9-18 [2016-10-12]. http://www.mohurd.gov.cn/wjfb/201309/t20130924_215684.html.

能力。①

笔者在调查中发现，上海市郊的这些传统村落中的许多老宅已年久失修，老宅的生活条件已无法满足当今青年人的需求，村里的年轻一代基本都已搬迁，大部分的房屋都以低廉的租金出租给了外来流动人口，由此导致了"群租房"、耕地荒废等问题的发生，造成了村里居住环境恶化。笔者认为，要改善这些传统村落的居住环境，关键在于如何引导本地青年回迁老宅，从而抑制大量外来人口涌入导致的村落居住承载力过剩。然而要引导青年回迁，首先需要通过地方政府的政策支持解决以下两个问题。

其一是要解决传统村落中老宅的修缮和保护问题，也就是必须改善传统村落里老旧的基础设施和脏乱的公共环境。但大量的房屋修缮资金、历史建筑的修复技术、村落整体修复后的维护和管理等都是未开发型村落普遍存在的问题。

其二是要在改善基础设施和公共环境的基础上，通过政府的政策支持进一步提高农耕村民和传统手艺人的收入，让本地青年回迁后能在村里安居乐业，让村落里的农耕文化和传统民俗得到传承。

二、社会的积极宣传

在 2015 年，文汇报②和上海电视台③分别对上海市郊的 5 处传统村落做了采访报道，在报道中提出了"留住乡愁、保留村落原有风貌"的倡议。通过媒体的宣传，不仅让住在传统村落里的居民意识到了村落保护的重要性，而且让其他上海市民了解市郊这些鲜为人知的传统村落。经媒体

---

① 住房城乡建设部，文化部，国家文物局等. 财政部关于切实加强中国传统村落保护的指导意见［EB/OL］. 中国网—中国政协，（2014－4－25）［2016－10－12］. http://www. china. com. cn/cppcc/2014－12/16/content_34328617. htm.

② 何连弟. 沪郊传统村落如何留住传统［N/OL］. 文汇报，（2015－1－7）［2016－10－15］. http://www. whb. cn/zhuzhan/jiaodian/20150107/21861. html.

③ 新闻透视. 聚焦传统村落调查——沪上古村今安在？［N/OL］. 上海电视台看看新闻网，2015－4－7［2016－10－15］. http://www. kankanews. com/a/2015－04－07/0036622558. shtml.

报道后，不少市民在"微博"中发帖呼吁共同保护上海的传统村落。①

然而，媒体的报道和网友的呼吁就像是一贴镇痛剂，起到的只是暂时的作用。对于传统村落的保护和乡村人居环境的治理，更需要通过社会多方面长期的积极宣传。因此，笔者有以下两点设想：

一是通过社区宣传，以社区刊物或是研讨会的形式，定期向村民汇报村里居住环境改善的情况、老宅的修缮管理方案，通报对本地青年回村居住、创业的鼓励政策等便民利民的信息。

二是通过媒体报道，以新闻或宣传片的形式，记录下乡村社区环境治理的过程，将村落保护的过去与未来发展做成一个系列资料，制作后的多媒体影像资料可以定期在社区播放，从而起到长期宣传的目的。

传统村落的保护和居住环境治理是一个长期而艰难的过程，在改善传统村落里老旧的基础设施和脏乱的公共环境的前提下，不断加大社会宣传和教育力度，使本地青年了解并意识到传统村落保护的重要性，让他们有意愿回到属于他们的村落里安居乐业。

小　结

本章在调查上海市郊五处传统村落的城市化发展现状、生活形态和人口结构变化的基础上，分析了人口结构变化对村落居住环境的影响，探讨了如何改善乡村人居环境、留住本地青年的问题。

笔者在调查中发现，由于城市化发展速度加快，这些村落已分化为已开发型、半开发型和未开发型三种类型。随着本地青年人的外迁和村子周边工业区的扩张，村里越老越多的老宅被低价租给了在周边打工的外来流动人口，村落里的生活形态已从原有的"务农"转变为了"务工"。随着

---

① 新浪微博. 横沔老街 [Z/OL]. 新浪网，（2015－12－24）［2016－10－15］. http://blog. sina. com. cn/s/blog _ 103603ad0102w7m4. html.

青年村民的逐步外迁，村里的人口结构也越来越趋向老龄化和外来化。此外，外来人口的大量涌入导致这些村落里的居住承载力接近饱和，老宅里的"群租房"和"居改非"问题日趋严重，是导致村落中居住环境恶化的主要原因。

因此，如何改善和保护传统村落的人居环境，鼓励和引导本地青年回迁，还需要政策层面的大力支持和社会舆论的长期宣传。

第五章　历史街区中街道的适应性："永不拓宽的街道"与交通稳静化应用

　　本章通过观察交通稳静化在"永不拓宽的街道"中的应用，探讨历史街区中街道的适应性。笔者以探索城市历史街区安全和谐的交通环境为目的，通过对国内外交通稳静化应用的现状分析，以及对上海思南路历史街区中人们的道路活动、交通现状等的实地调查，综合探讨交通稳静化在中国历史名城和城市历史街区中的实施可行性。近年来，城市的不断发展与更新，使历史街区成为城市中的旅游新地标，加大了历史街区及其周边的交通压力，增加了交通安全的隐患。然而，历史街区中存在着不少"永不拓宽的街道"，使得这些道路中存在的交通问题不可从规划施工等硬件上改变，而只可在政策措施等软件上进行引导和管理。因此，交通稳静化可作为城市历史街区中交通治理的方案之一。

第一节　背景与问题

　　近年来，为了改善道路安全，减少交通量，确保道路顺畅，改善道路的环境质量，世界各国都不同程度地将交通静化理念导入了城市交通系统。随着我国各城市中私家车持有量的与日俱增，交通问题已成为历史文化名城以及历史街区保护和治理中必须解决的课题。

随着城市的现代化建设和发展，原有的城市格局被不断更新，一些历史建筑被新建的高楼所替代，宽广的道路穿越了整个历史街区。与此同时，一些位于城市历史风貌区范围内的历史街区，由于其街区道路狭窄、建筑布局紧密、基础设施陈旧、改造受到限制等原因，在城市的交通网络系统中成为了事故多发区域。

20世纪70年代以来，交通静化理念开始在德国、瑞典、丹麦、英国、法国等一些西方国家迅速传播，从而形成了交通稳静化的浪潮。[1] 近年来，国内也有一些学者从不同角度对交通静化进行了研究，如金建对交通稳静化在中国城市中的行为意向进行了探讨[2]；陈刚对交通静化措施在城市居住区及周边的实施效果进行了分析研究[3]；杨洁等提出了交通稳静化在高校校园交通安全中的应用策略[4]；等等。从既有研究来看，大多是对居住区或是学校周边的交通现状进行了分析，但对于城市中的历史街区这一可能同时存在居住、商业和半商半住区域中实施交通稳静化的可行性尚未有探讨和研究。

① R. Elvik. Area—wide urban traffic calming schemes：a meta—analysis of safety effects [J]. Accident Analysis and Prevention, 2001. 33（3）：327 − 336. // H. Barbosa, M. Tight&A. May. A model of speed profiles for traffic calmed roads [J]. Transportation Research Part A：Policy and Practice, 2000, 34 (2)：103~123. //T. David&T. Miles. Public attitudes and consultation in traffic calming schemes [J]. Transport Policy, 1997, 4 (3)：171−182. // （英）卡门·哈斯克劳，英奇·诺尔德，格特·比科尔著. 格雷汉姆·克兰普顿，郭志锋，陈秀娟译. 文明的道路——交通稳静化指南 [N]. 北京：中国建筑工业出版社，2008. //C. Haskell et al., Civilised streets：A guide to traffic calming [N], China Architecture&Building Press, 2008.

② 金建. 城市交通稳静化探讨 [J]. 交通运输工程与信息学报，2003 (2)：82−86. 金建. 城市居住区交通稳静化行为意向研究 [J]. 交通运输工程与信息学报，2006, 4 (3)：10−16.

③ 陈刚. 交通稳静化在城市住宅区的应用 [J]. 科协论坛，2011 (8)：189−190.

④ 杨洁，胡克. 交通稳静化在高校校园交通安全中的应用 [J], 长春理工大学学报，2012 (6)：20−21.

第二节　交通稳静化的理念与措施

一、交通稳静化的理念

交通稳静化（Traffic Calming）是城市道路设计中减速技术的总称，又被称为交通宁静化或交通平静化。[①] 在 20 世纪 60 年代荷兰通过实行第一个安全道路计划（即 Woonerf 计划）首先提出了交通稳静化的理念，此理念亦将原有的街道空间回归给行人。[②] 此后，荷兰通过对此计划道路进行分流规划、物理限速和交通导向，从而改善社区的居住安全，形成了稳静化的出行环境，获得了良好的效果。此外，1963 年英国学者柯林·布坎南（Colin Buchanan）*Traffic in Town* 一书的出版进一步推动了交通稳静化理念在欧洲各国的传播趋势。[③]

自交通稳静化理念在各国被传播以来，由于各国对此问题的理解及实施效果各不相同，因此，在 1997 年运输工程研究所（Institute of Transportation Engineering）佛罗里达坦帕市（Tampa）的会议上，对于交通稳静化的理念给出更为具体和明确的定义：在设计实施交通系统的同时通过物理性措施和政策条例、技术标准等方法的结合，降低机动车行驶过程中对居民生活环境的影响，改变机动车驾驶员的不良驾驶行为，改善行人和非机动车的道路环境，以实现道路交通安全的可居住性和易行

---

① C. Buchanan. Traffic in towns：a study of thelong term problems of traffic in urban areas [M]. London：Her Majesty's Stationery Office，1963.

② E. Reid. Traffic calming：State of the practice [J]. Washington，D. C. ：Institute of Transportation Engineers，August 1999.

③ （英）卡门·哈斯克劳，英奇·诺尔德，格特·比科尔. 文明的道路——交通稳静化指南 [N]. 格雷汉姆·克兰普顿，郭志锋，陈秀娟，译. 北京：中国建筑工业出版社，2008. （C. Haskell et al. ，Civilised streets：A guide to traffic calming [N]，China Architecture&Building Press，2008. ）

走性。①

二、交通稳静化的措施

交通稳静化主要有以下三个措施。②

1. 水平速度控制措施

水平速度控制措施是指改变传统的直线行驶方式以降低车速，主要措施包括交通花坛、交通环岛、曲折车行道和变形交叉口。

2. 垂直速度控制措施

垂直速度控制措施是指把车行道的一段提高以降低车速，主要措施包括减速丘、减速台、凸起的人行横道、凸起的交叉口和纹理路面。

3. 中央隔离岛

中央隔离岛是指设置在交叉口处，并沿主路中线延伸的交通岛，其长度大于支路进口的宽度，以阻断来自支路直行车流。适用于支路与主路相交且支路直行车流不安全的交叉口和主路左转车流不安全的交叉口。

第三节　交通稳静化在国内外的应用现状

一、交通稳静化在国外的应用现状

（一）欧洲

在英国，交通稳静化措施早已被应用在了道路交通的方方面面，从居住小区到商业区以及公园内的道路。英国政府通过实施全面系统的交通静

① I. Lockwood. ITE traffic calming definition. ITE Journal，1997.

② （英）卡门·哈斯克劳，英奇·诺尔德，格特·比科尔. 文明的道路——交通稳静化指南［N］. 格雷汉姆·克兰普顿，郭志锋，陈秀娟译. 北京：中国建筑工业出版社，2008. （C. Haskell et al.，Civilised streets：A guide to traffic calming ［N］，China Architecture&Building Press，2008.）

化措施，在很大程度上确保了道路交通系统的安全运行。在英国使用最多的交通静化措施是在路口处设置交通环岛、减速平台、加高交叉路口或其他类似的垂直措施；其次为各类缩窄街道宽度的措施。这些措施在一些次要道路上随处可见，许多交叉路口和路段都设置有相应的设施。此外，纹理路面的铺装也是英国道路交通管理中运用较多的措施之一，包括道路颜色和铺装材料的不同。例如，伦敦市的公交车道往往被铺装成红色，自行车道被铺装成绿色，高速自行车道网络被铺装成蓝色，等等（如图5-1所示）。[①]

在法国，里昂市是交通稳静化措施实施中较有特色的城市之一，自1998年里昂市的老城区被世界联合国教科文组织列入世界文化遗产名录以来，交通稳静化措施的实行需要以保护其古城风貌为前提，避免对街道过度改造以防止破坏古城的原有风貌。因此，减速铺装的使用是一种对历史街区风貌相对影响较少的措施。里昂市的街道在铺装减速设计时主要采用了两种方式：一种是在交叉路口或人行道换用与古城风格一致的石材铺装；另一种是在交叉路口使用卵石铺装路肩。这两种铺装设计都能在视觉上引起司机注意，同时也具有物理减速功能。[②]

图5-1　伦敦市内的交通静化措施

（a）自行车道　（b）减速效果的曲线道路[③]

---

① EUROPEAN COMMISSION, Directorate—General for the Environment, Reclaiming city streets for people Chaos or quality of life? 2011.

② 殷洁. 浅谈法国里昂交通稳静化 [J]. 科技传播，2011 (5)：60.

（二）美国

美国是世界公认的"汽车王国"，汽车可谓是美国家庭出门的代步工具。在美国的西雅图、波特兰、华盛顿、洛杉矶等许多城市都已实行了交通稳静化措施，如华盛顿州通过设置交通环岛提高了道路的安全性。根据高速公路安全保险协会（IIHS）的一项研究表明，道路交叉口的交通环岛设计比传统的停车标志或信号灯控制更安全。以交通环岛代替停车标志或信号来控制车流量后，路口的交通伤害事故减少了75%。此外，IIHS和美国联邦公路管理局的共同研究表明，交通环岛能显著地降低交通事故的发生。例如，在整个交叉路口车辆的碰撞事故减少了37%，因碰撞造成的伤害率减少了75%，因碰撞造成的死亡率减少了90%，路口与行人的碰撞率减少了40%。①

（三）日本

自古以来，"路"是人聚集的"社区"场所。日本在交通稳静化的基础上结合本国的交通现状形成了社区圈（コミュニティ・ゾーン，Community Zone）的交通安全理念，以确保住宅区及周边步行者通行优先，提高此区域的安全性、舒适性、便利性，采取限制行车速度、步车分离、步车共存等措施来确保步行者的安全。②

例如，东京都的三鹰市（三鹰市）是日本实行交通稳静化的典型城市之一，三鹰市的上连雀地区是学校、医院等较为集中的地区。该地区通过道路的步车共存、减速丘设置、窄幅道路彩色铺装、分区段限速等措施有效地抑制了车辆的行驶速度，使地区的交通事故削减了一半（如图5-2所示）。③

---

① Washington State Traveler Information，RoundaboutBenefits [DB/OL]. （2016-12-2）[2016-6-16].. http://www.wsdot.wa.gov/Safety/roundabouts/benefits.htm.

② コミュニティ・ゾーン形成事業 [DB/OL]. （2016-12-6）[2012-6-19]. http://www.mlit.go.jp/road/road/traffic/comzone/index.htm.日本语.

③ 東京都三鹰市コミュニティ・ゾーン形成事業，面的な交通静穏化，2016.6.16，日本语.

图 5-2 日本的交通稳静化措施:

(a) 减速丘的设置;(b) 窄幅道路的彩色铺装①

来源:参见日本国土交通省网站

二、交通稳静化在国内的应用现状

近年,随着国内私家车持有量的逐年增加,交通安全成为城市治理研究中必须解决的重要问题,一些城市在分析区域交通特点的同时,开始将交通稳静化的理念引入了城市的交通系统。例如,无锡市某大型居住区中有效地导入了交通稳静化措施,将机动车的速度控制在 30km/h 以内,形成了人车分离的步行环境,有序地控制了交叉路口和小区出入口等处的交通环境,提高了居民对小区交通环境和生活环境的满意度。②

此外,为了有效地减少校园交通事故的发生,北京、上海、武汉等地的高校在校园内采取导入交通稳静化措施,降低车速与控制交通量,减少校园内机动车给师生带来的安全隐患。在高校校园中应用最多的有以下三种措施。

一是速度控制措施,主要设置减速丘以控制机动车的行车速度。二是设置标识措施,通过在交叉口设置明显的限速标识或是禁行标识,让车辆驾驶员更易注意当前车速,从而降低其在交叉口处的行驶速度。三是交通量控制措施,通过采取交通花坛、交通环岛、中央隔离带等措施在一定程

---

① R. Elvik. Area-wide urban traffic calming schemes: a meta-analysis of safety effects [J]. Accident Analysis and Prevention,2001. 33 (3):327-336.

② 肖飞,黄洁. 宜居城目标下的交通宁静化实施策略——以无锡市太湖新城为例 [A]. 城市发展与规划大会 [C]. 2011,422.

度上控制车流量，在没有交通信号灯的校园十字路口有效地减少了交通事故的发生（如图5-3所示）。

图5-3　上海交通大学闵行校区交通稳静化措施：

(a) 减速丘和限速标识；(b) 隔离带的设置

第四节　交通稳静化在历史街区中的实施可行性

一、历史街区中存在的交通问题

城市的历史街区通常都位于城市的中心区域或是繁华的商业区域周边，随着国内家庭私家车拥有量的不断增加，这些历史街区中狭窄的道路成为交通拥堵和安全事故的多发点。这些历史街区中的大部分道路已被列入"永不拓宽的街道"，因此对于历史街区中存在的交通问题，虽然无法规划施工以加以改变，但是可以通过政策措施来引导和管理。

在上海中心城区划定的12个历史文化风貌区中有64条"一类风貌保护道路"被划定为"永不拓宽的街道"，这些街道将保持原有道路的宽度和相关尺度，并严格控制沿线开发地块的建筑高度、体量、风格、间距等范围。①

笔者以上海衡山路—复兴中路历史风貌保护区中的思南路历史街区为调查对象，通过分析对象地及周边的交通环境，来探讨交通稳静化措施在城市历史街区中的可行性。

二、调查对象地周边交通环境分析

上海思南路是 64 条"永不拓宽的街道"之一，北起淮海中路，南至泰康路，中间与南昌路、皋兰路、香山路、复兴中路、建德路和建国中路，六条道路交汇。

思南路历史街区曾是法租界由东到西第三次扩张的起点，体现上海近代法租界的住宅风貌特点，是上海花园洋房（俗称：老洋房）集中保护较完整的街区之一。20 世纪末上海市政府启动了对思南路历史街区的保护与再生的调查研究，"思南公馆"所在的历史街区成为上海市中心唯一一处以成片老洋房保留保护为宗旨的项目。这一区域东起重庆南路，西至思南路西侧，南邻上海交通大学医学院，北抵复兴中路，以思南路为界，分成东、西两块，涉及保留保护历史建筑 51 幢，汇集 8 种上海近代居住建筑类型。② 这一街区已成为集居住、商业、餐饮、旅游等商住并存的半商半住区域。

"思南公馆"自 2010 年正式开业以来，成为上海旅游的新地标，同时也增加了周边的交通压力。与"思南公馆"相邻的三条道路中，思南路是自北向南的单行道，左侧是只可自南向北行驶的非机动车道，右侧是临时停车带。复兴中路和重庆南路都为交通要道，车流量大、车速快。在调查中我们发现，思南路和相交的复兴中路都只有一侧非机动车道，但有不少

---

① 上海市地方志办公室. 上海年鉴 2004. 二十八、城市管理（二）城市规划［DB/OL］.（2016−12−20）　［2007−3−19］. http://www. shtong. gov. cn/newsite/node2/node19828/node71798/node71839/node71983/userobject1ai77131. html. //上海市规划和国土资源管理局. 上海市历史文化风貌区范围扩大名单［DB/OL］.（2016−12−20）［2016−2−5］. http://www. shgtj. gov. cn/xxbs/shij/201602/t20160205 _ 676985. html.

② 钱军，马学强. 阅读思南公馆［M］. 上海人民出版社，2012.9.

不遵循规则逆向行驶的骑车人。一些机动车和非机动车自复兴中路转弯进入思南路时，不减速的情况时有发生（如图5-4所示）。因此，有必要以这一历史街区为案例探讨交通稳静化的实施可行性。

图5-4　复兴中路上逆向行驶的非机动车

三、交通稳静化措施的可行性

从国内外的案例分析中可以发现，交通稳静化措施较多地应用于居住区或是校园等车流量较少的道路。思南路作为一条分布着大量老洋房住宅的道路，与"思南公馆"相邻的复兴中路和重庆南路相比，车流量较少，符合交通稳静化措施适用于车流量相对较少的道路要求。因此，笔者以"思南公馆"东西两侧中间的思南路为案例，提出交通稳静化措施的可行性分析与提案。

如图5-5所示，思南路与复兴中路的机动车与非机动车虽然是单行道，但时常会出现一些逆向行驶的骑车人。对于这一现象，建议在思南路与复兴中路的交叉口以及复兴中路与重庆南路的交叉口处设立醒目的指示牌，并在路口的地面上用彩色铺装突出"自行车专用道"和"禁止逆行"

的标识（如图5-6所示）。对于在思南路街区实施交通稳静化措施的方案可有以下几点：首先，应在路口设立"限制车速"和"禁止停车"的标识。其次，为了让驾驶者在路口转弯时及时注意到周围行人，建议在思南路与复兴中路的交叉口设置"前方为人流密集区域"的标识，提醒驾驶者在转弯时自觉减速。此外，由于"思南公馆"以思南路为界分为东西两块区域，少数游客常常会在思南路的两侧来回穿梭，或停留于道路中间拍照摄影。笔者在调查中发现，有些从复兴中路转弯进入思南路的机动车和在思南路上由南至北行驶非机动车行驶到这一人流密集区域时没有自觉减速现象。因此，建议在"思南公馆"两侧的思南路，特别是游人们通行较频繁路段处设置减速带、减速丘，或是以路面的彩色铺装和标识来提醒机动车和非机动车的驾驶者注意行人、减速慢行（如图5-7所示）。

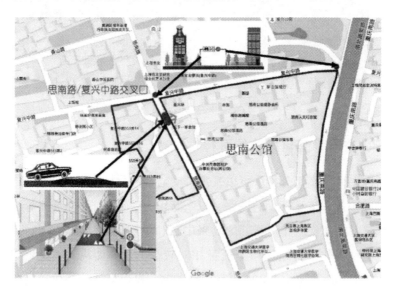

图5-5　调查对象区域交通稳静化措施的可行性分析与提案

图5—6　彩色铺装突出"自行车专用道"

图5—7　路面的彩色减速带和限速标识

小结

交通稳静化是一种倡导将道路空间回归于行人的理念。本书以探索城市历史街区安全和谐的交通环境为目的，分析了国内外交通静化的案例，同时以上海思南路历史街区为例，结合中国城市中的历史街区交通系统存在的问题，综合探讨交通稳静化在城市历史街区中的实施可行性。

笔者认为，随着城市的不断发展与更新，历史街区成为城市中的旅游新地标，加大了历史街区及其周边的交通压力，带来了交通安全的隐患。然而，因为历史街区中存在着不少"永不拓宽的街道"，所以在这些道路中存在的交通问题，不可从规划施工等硬件上进行改变，而只可通过政策措施等软件上进行引导和管理。因此，交通稳静化可以被考虑为城市历史街区中交通治理的方案之一。

交通稳静化措施是一种技术手段，是为了切实地降低道路中机动车和非机动车的行驶速度确保行人的安全，因而需要从政策措施上建立能够有效地改善历史名城和历史街区交通问题的管理机制。

交通稳静化是一种理念，更是一种自觉的行为意识。中国的历史名城和历史街区不仅要保留城市的历史脉络、文化底蕴、建筑风貌，而且需要创造安全良好的居住空间、文明有序的交通环境。

第六章　结论

本章在前面章节有关政策分析和实证调研的基础上，对商业化变迁给历史街区带来的利与弊进行总结和分析，参考和借鉴国外已有的先行案例，对上海历史街区保护与开发中多方参与机制的构架提出建议。

第一节　总结与分析

1933 年国际现代建筑学会在雅典通过了《雅典宪章》声明："对有历史价值的建筑和街区，均应妥为保存，不可加以破坏。"1987 年由国际古迹遗址理事会在华盛顿通过的《保护历史城镇与城区宪章》（又称《华盛顿宪章》提出"历史城区"（historic urban areas）的概念。

自 20 世纪 80 年代以来，随着各地的城市化发展，在旧城改造和开发的过程中许多历史街区遭到严重破坏。为了保护城市历史文化景观遗产不再遭受更大的破坏，国务院在 1982 年通过并实施《文物保护法》，同时提出了"历史文化名城"的概念。在 2008 年通过并实施了《历史文化名城名镇名村保护条例》和《城乡规划法》。上海是 1986 年 12 月国务院公布的第二批国家历史文化名城之一。1991 年，上海市规划局开始研究上海市历史文化名城保护规划的编制，颁布了中国第一部有关近代建筑保护的地方性政府法令《上海市优秀近代建筑保护管理办法（1991）》；在 2002年制定了《上海市历史文化风貌区和优秀历史建筑保护条例》，划定了 44片历史文化风貌区，在这些历史街区内有 64 条道路被设立为"永不拓宽的街道"，5 处村落被认定为"中国传统村落"，10 个古镇获得"中国历史文化名镇"称号（见表 6-1）。

　　笔者通过对上海衡山路—复兴中路历史风貌保护区、上海市郊 5 处"传统村落"和上海思南路历史街区 3 处对象地进行调查，分析了历史街区商业开发中的居住空间、居住者和街道的适应性问题。

表 6-1　历史街区保护与开发相关政策

级别	名称	公布时间	制定者	提出概念
国际	《雅典宪章》	1933 年 8 月	国际现代建筑学会	历史街区
国家	《中华人民共和国文物保护法》	1982 年 2 月	国务院	历史文化名城
国家	《中华人民共和国文物保护法》	1982 年 11 月	第五届全国人民代表大会	确定了文物保护级别
国家	《第二批国家级历史文化名城》	1986 年	国务院	在中国正式确立了"历史街区"的概念
国际	《保护历史城镇与城区宪章》	1987 年	国际古迹遗址理事会	历史城区
国家	《历史文化名城名镇名村保护条例》	2008 年 4 月	国务院	明确历史文化名城、名镇、名村的保护与管理
国家	《中华人民共和国城乡规划法》	2008 年 1 月	第十届全国人民代表大会	城乡规划，包括城镇体系规划、城市规划、镇规划、乡规划和村庄规划
地方	《上海市优秀近代建筑保护管理办法》	1991 年	上海市规划和国土资源管理局	优秀历史建筑

续表6-1

级别	名称	公布时间	制定者	提出概念
地方	《上海市历史文化风貌区和优秀历史建筑保护条例》	2002年7月	上海市第十一届人民代表大会	历史文化风貌区

（一）"居改非"认定不明确，执法力度不足

在商业化变迁下，一些原本以居住为主的历史街区逐渐形成了半商业半居住化的商住混合型街区，历史街区成为上海城市观光的新地标。在衡山路—复兴中路历史风貌保护区里，部分未被认定为优秀历史建筑的老洋房都面临着花园扩建、旧住宅改造、商住改造等违法搭建问题。在商住混用的老洋房中，部分房间被改造成各种商铺。部分老洋房不仅底层沿街的房间被改造，而且其中被作为商铺用途的老洋房，还被扩建到了花园或是人行道，在商住混用的环境中，居民的生活也受到了多方面的影响。

20世纪90年代，为了缓解就业压力，上海相关部门规定只要符合城市规划，并且在周边邻居都同意的前提下，允许部分沿街底层住宅开设餐饮、小店等。2004年11月，上海有关部门出台了《上海市住宅物业管理规定》，明确"不得擅自改变物业使用性质"，违者"可处1万元以上5万元以下的罚款"。2011年4月起，上海施行《上海市住宅物业管理规定》修订版，对"居改非"行为预留了审批通道。规定指出，确需改变物业使用性质的，须由区、县规划部门会同房管部门提出区域范围和方案，并召开听证会听取利益关系人意见后，报区县政府决定。允许变更的，由区县房管部门审批。

因此，应严格执行政策法规，保护城市人文环境。历史街区是城市文化的核心。上海在2003年实施了《上海市历史文化风貌区和优秀历史建筑保护条例》，针对优秀历史建筑做了具体的规定，但对于一般历史建筑的改修未有明确说明。进一步细化建筑物的保护等级，保护历史街区整体的人文环境，制定更为详细和明确地历史街区和历史建筑保护规则，对"居改非"的控制有着积极的推动作用。

（二）公有住房租赁处于灰色地带

上海作为一座超大城市，吸引着成千上万的新移民涌入，然而高额的居住成本使得许多低收入和中等收入的新移民在不规范、不合法的情况下以较低的租金租下当地居民的公有住房。尤其是在"直管公房"的情况下，无论历史街区中的老洋房、里弄，还是传统村落里的老宅，都存在着非正式租赁的问题。

在调查中我们发现，商住混用的老洋房和传统村落里的老宅所有权属于政府，居民只有房屋的使用权，新移民和原居民之间只存在租赁关系，没有书面租赁协议。因此，这种非正规租赁是导致这些房屋非法改造的主要原因。如何规范非正式租赁市场并对非正式租赁进行监管，是改善居住环境，控制老洋房违法改造和扩建的关键。

（三）"人性化的街道"理念为被认知

陈丹燕在《永不拓宽的街道》一书中写道："街区风貌是一个整体，所以在保护建筑的同时，还必须保护住与那些建筑相连的街道，不得拓宽，甚至也不得随意修改人行道和行道树。这样，这个城市的记忆和历史就成为城市生活中可触摸的、可感受的一部分，而不再会消失得无影无踪了。"

为提高历史街区的安全性、舒适性、便利性，英国、法国、美国、日本等国通过交通稳静化措施的应用来确保步行者的安全。一些国家将"步行者通行优先"作为"人性化的街道"基本理念。在我国，交通稳静化使街道更为人性化的理念还需要进行普及，因此，在城市历史街区的交通治理中导致交通稳静理念化，让"永不拓宽的街道"逐步成为"人性化的街道"，需要人们在国外优秀案例中学习和借鉴。

第二节　借鉴国外经验、建设"人文之城"

上海市政府在"上海2035"（《上海市城市总体规划（2017—2035年)》）中，将上海定位为卓越的全球城市，令人向往的创新之城、人文之城、生态之城，具有世界影响力的社会主义现代化国际大都市。这份总体规划提出，建设世界著名旅游目的地城市，深入挖掘城市旅游资源，突出历史文化风貌区、历史建筑、公园绿地、景观河流、文化创意园区等特色空间，整合城市自然和人文资源。围绕外滩—人民广场—豫园、衡山路—复兴中路、陆家嘴、世博会地区、上海国际旅游度假区、佘山国家旅游度假区、崇明世界级生态岛、环淀山湖地区、中国历史文化名镇与名村等重点区域建设综合性旅游休闲区，提升多元休闲和旅游服务功能，提供丰富独特的旅游体验。将旅游休闲与城市大事件相结合，提升城市旅游吸引力。至2035年，实现年入境境外旅客1400万人次左右。

在对一些历史街区的开发项目进行商业开发的同时，有必要借鉴国外城市历史街区保护管理的经验，探讨上海在"人文之城"建设中历史街区的保护体系和管理机制。

日本在"观光立国"政策的推动下，为了开发城市文化旅游特色，树立了城市文化地标，同时保护历史街区和历史建筑不受破坏。2007年日本政府制定了《历史城市规划法》（歴史まちづくり法），并分别在古都（Ancient City）型城市（如京都市、奈良市、镰仓市、彦根市等）和创意都市（Creative City）型城市（如金泽市、名古屋市、鹤冈市等）开始实施。

神户市作为联合国教科文组织（UNESCO）认定的日本7个创意都市（神户市、名古屋市、金泽市、札幌市、鹤冈市、滨松市和筱山市）之一，每年吸引了大批观光者的造访。神户市的"异人馆街区"已成为日本著名的城市文化"名片"，"异人馆"的老洋房建筑不仅代表了神户的城市历史记忆、体现了当地的都市文化，而且见证了城市的发展。

从明治时期开始，神户市北野町山本通地区形成了西洋式住宅和日式住宅共存的街区风貌特色。为了保护城市的历史风貌和历史建筑，1979年（昭和54年）10月在神户市景观条例的基础上，北野町山本通"异人馆"地区被认定为"城市景观形成区域"，并在此区域中进一步细分了"传统建筑物保护区"和"重要传统建筑保护区"。在此区域中对于建筑物的新建、增建和改建时的高度、屋顶的坡度、公共空间的容积率等都设定了标准，目的在于突出"异人馆"传统建筑群的历史风貌保护，营造良好的城市景观，传承城市文化精神。

自20世纪70年代以来，神户市"异人馆街区"在神户市政府、当地居民和商家的共同合作下，开启了以街区历史风貌保护为前提的旅游开发模式（如图6-1所示）。在"异人馆街区"的传统建筑群保护地区的范围内，有21栋老洋房建筑经修整后正式投入了商业运营，让游客感受到街区充满异国风情的历史气息。其中，纪念馆有11栋，这些场馆按原貌恢复了当时建筑物内的装饰和布局，让游客体验各馆的异国文化；美术馆有6栋，咖啡馆有2栋，餐馆和时尚精品店各1栋。在这21栋老洋房建筑中只有2栋的所有权和管理方为神户市政府，其余建筑物的经营和管理者都为个人。然而，即使个人所有的建筑在修缮或改造之前也必须先制定工程方案提交给神户市住宅管理局审批，在确保此工程不会影响其建筑原有的历史风貌和建筑特色后才能施工（如图6-2所示）。

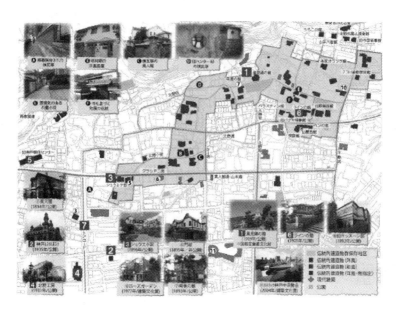

图6—1　神户市"异人馆街区"商业开发现状图

来源：神户市政府网. http://www.city.kobe.lg.jp/

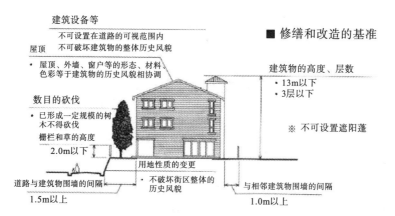

图6—2　"异人馆街区"建筑修缮和改造基准

来源：神户市政府网. http://www.city.kobe.lg.jp/

　　此外，从1981年起，在北野山本地区由6个居民委员会、1个妇女会和2个商业组织共同组成了名为"北野·山本地区をまもり、そだてる会"（北野山本地区保护育成会）的地区景观风貌保护民间团体，通过开

展商民联谊活动、召开研讨会等形式发现"异人馆街区"及周边地区景观风貌保护上存在的问题，由居民和商家共同商讨后向政府建言解决方案。

历史街区的保护与开发是一项长期工作，2016 年 7 月，我国国家住房城乡建设部办公厅印发了关于《历史文化街区划定和历史建筑确定工作方案》的通知，明确了加强历史文化街区和历史建筑保护，延续城市文脉，提高新型城镇化质量，推动我国历史文化名城保护的重要性。2017 年，上海市政府公布了《上海市城市总体规划（2017—2035）》，明确提出了"完善文化保护体系""创新文化保护机制"的目标。为此，我们可以学习和借鉴日本历史街区保护的经验，结合上海实际，提升"创新之城、人文之城"的建设水平，让历史街区中的居住空间、居住者和街道更适应城市的更新与变迁。

附　录

附录 1
上海市域历史文化保护规划图

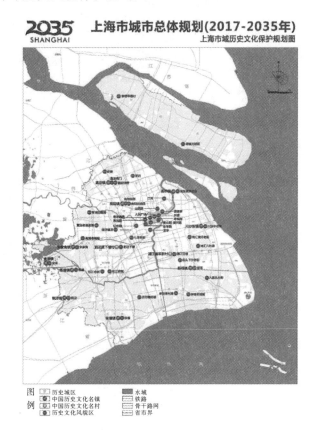

附录 2

上海市域风貌分区图

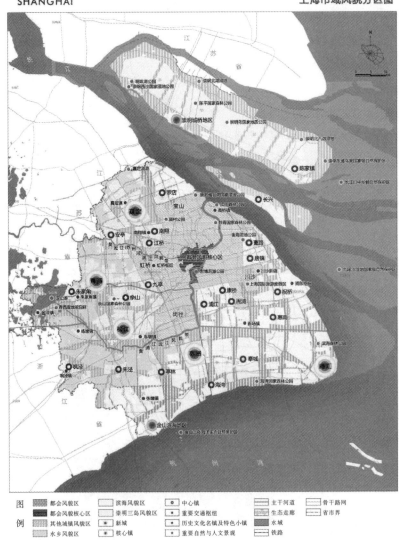

2035 SHANGHAI **上海市城市总体规划(2017-2035年)**
上海市域风貌分区图

附录3

上海市域文化保护控制线规划图

附录 4

衡山路－复兴路历史文化风貌区

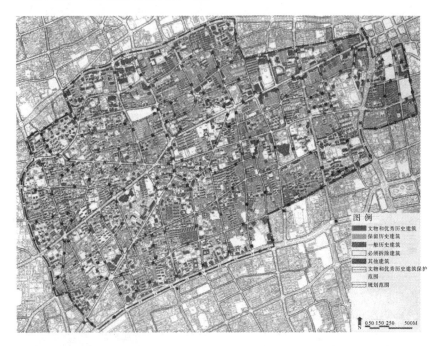

图 例
- 文物和优秀历史建筑
- 保留历史建筑
- 一般历史建筑
- 必须拆除建筑
- 其他建筑
- 文物和优秀历史建筑保护范围
- 规划范围

N 0 50 150 250   500M

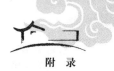

附录 5
南京西路历史文化风貌区

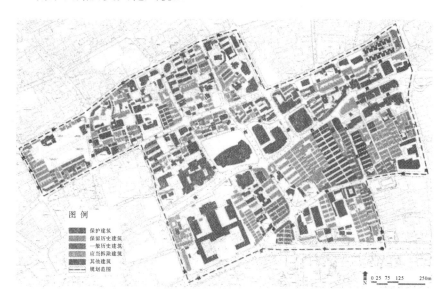

附录 6
愚园路历史文化风貌区

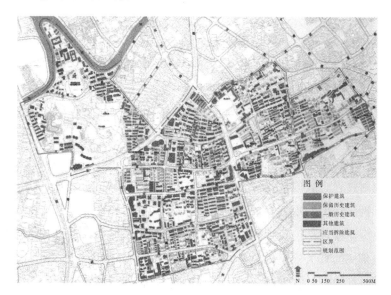

附录 7

上海市历史风貌区和优秀历史建筑保护条例

目　录

第一章　总则

第一条　为了加强对本市历史风貌区和优秀历史建筑的保护，促进城市建设与社会文化的协调发展，根据有关法律、行政法规，结合本市实际情况，制定本条例。

第二条　本市行政区域内历史文化风貌区、风貌保护街坊、风貌保护道路、风貌保护河道（以下统称历史风貌区）和优秀历史建筑等保护对象的确定及其保护管理，适用本条例。

优秀历史建筑被依法确定为文物的，其保护管理依照文物保护法律、法规的有关规定执行。

第三条　市规划资源管理部门负责本市历史风貌区和优秀历史建筑保护的规划管理。区规划资源管理部门按照本条例的有关规定，负责本辖区历史风貌区保护的规划管理。

市房屋管理部门负责本市优秀历史建筑的保护管理。区房屋管理部门按照本条例的有关规定，负责本辖区优秀历史建筑的保护管理。

本市其他有关管理部门按照各自职责，协同实施本条例。

第四条　历史风貌区和优秀历史建筑的保护，应当遵循统一规划、分类管理、有效保护、合理利用、利用服从保护的原则。

第五条　市、区人民政府对本行政区域内的历史风貌区和优秀历史建筑负有保护责任，应当对保护工作实施监督管理，并提供必要的政策保障和经费支持。

市、区人民政府设立历史风貌区和优秀历史建筑保护委员会，协调解决本市、各区所辖范围内历史风貌区和优秀历史建筑保护工作中的重大问题。

优秀历史建筑的所有人和使用人，应当按照本条例的规定使用、维护和修缮优秀历史建筑，并配合政府相关管理部门对优秀历史建筑实施的网格化管理。

任何单位和个人都有保护历史风貌区和优秀历史建筑的义务，对危害历史风貌区和优秀历史建筑的行为，可以向规划资源管理部门或者房屋管理部门举报。规划资源管理部门或者房屋管理部门对危害历史风貌区和优秀历史建筑的行为应当及时调查处理。

第六条　历史风貌区和优秀历史建筑的保护资金，应当多渠道筹集。

市和区设立历史风貌区和优秀历史建筑保护专项资金，其来源是：

（一）市和区财政预算安排的资金；

（二）境内外单位、个人和其他组织的捐赠；

（三）公有优秀历史建筑转让、出租的收益；

（四）其他依法筹集的资金。

历史风貌区和优秀历史建筑保护专项资金由市、区人民政府分别设立专门账户，专款专用，并接受财政、审计部门的监督。

第七条　本市设立历史风貌区和优秀历史建筑保护专家委员会。

历史风貌区和优秀历史建筑保护专家委员会（以下简称专家委员会），按照本条例的规定负责保护对象认定、调整及撤销等有关事项的评审，为市人民政府决策提供咨询意见。专家委员会由规划、房屋、土地、建筑、文物、历史、文化、社会和经济等方面的人士组成，具体组成办法和工作规则由市人民政府规定。

第八条　市、区人民政府鼓励通过设施完善、功能调整、环境优化等方式，在符合保护要求和尊重居民生活形态的基础上，发挥保护对象在社区服务、文化展示、参观游览、经营服务等方面的功能，促进活化利用。

区人民政府在制定和组织实施保护对象活化利用的具体计划时，应当注重调动市民参与保护的积极性，统筹改善居民居住条件、提升公共服务功能等需求。

第二章　保护对象的确定

第九条　历史建筑集中成片，建筑样式、空间格局和街区景观较完整地体现上海某一历史时期地域文化特点的地区，可以确定为历史文化风貌区。

历史建筑较为集中，或者空间格局和街区景观具有历史特色的街坊，可以确定为风貌保护街坊。

沿线历史建筑较为集中，建筑高度、风格等相对协调统一，道路线型、宽度和街道界面、尺度、空间富有特色，具有一定历史价值的道路或者道路区段，可以确定为风貌保护道路。

沿线历史文化资源较为丰富，沿河界面、空间、驳岸和桥梁富有特色，具有一定历史价值的河道或者河道区段，可以确定为风貌保护河道。

第十条　建成三十年以上，并有下列情形之一的建筑，可以确定为优秀历史建筑：

（一）建筑样式、施工工艺和工程技术具有建筑艺术特色和科学研究价值；

（二）反映上海地域建筑历史文化特点；

（三）著名建筑师的代表作品；

（四）与重要历史事件、革命运动或者著名人物有关的建筑；

（五）在我国产业发展史上具有代表性的作坊、商铺、厂房和仓库；

（六）其他具有历史文化意义的建筑。

第十一条　建筑的所有人和使用人，以及其他单位和个人，都可以向市规划资源管理部门或者市房屋管理部门推荐保护对象。

历史风貌区的初步名单，由市规划资源管理部门研究提出，并征求市房屋管理部门、市文物管理部门、所在区域居民和所在区人民政府的意见，经专家委员会评审后报市人民政府批准确定。

优秀历史建筑的初步名单，由市规划资源管理部门和市房屋管理部门研究提出，并征求市文物管理部门、建筑所有人和所在区人民政府的意见，经专家委员会评审后报市人民政府批准确定。

在市人民政府批准确定前，应当将保护对象的初步名单公示征求社会意见。

第十二条　经批准确定的历史风貌区由市人民政府公布，并由市规划资源管理部门设立标志。

经批准确定的优秀历史建筑由市人民政府公布，并由市房屋管理部门设立标志。

第十三条　依法确定的保护对象不得擅自调整或者撤销。确因不可抗力或者情况发生变化需要调整或者撤销的，应当由市规划资源管理部门和市房屋管理部门提出，经专家委员会评审后报市人民政府批准。

第十四条　城市建设中发现有保护价值而尚未确定为优秀历史建筑的建筑，经市规划资源管理部门和市房屋管理部门初步确认后，可以参照本条例的有关规定采取先予保护的措施，再按照本条例第十一条规定的程序报批列为优秀历史建筑。

第三章　历史风貌区的保护

第十五条　市规划资源管理部门应当根据城市总体规划组织编制历史文化风貌区、风貌保护街坊、风貌保护道路和风貌保护河道的保护规划（以下统称历史风貌区保护规划），并征求市房屋管理部门、市文物管理部门、所在区人民政府和相关管理部门的意见，依法向社会公示，经专家委员会评审后报市人民政府批准。

经依法批准的历史风貌区保护规划，未经法定程序不得修改；确需修改的，由市规划资源管理部门组织论证，并按照前款规定进行审批。

历史文化风貌区和风貌保护街坊的保护规划，可以作为该地区的控制性详细规划，并按照法定程序备案。

单独编制的风貌保护道路和风貌保护河道保护规划的控制要求，应当纳入所在地区的控制性详细规划。

本市其他涉及城乡空间安排的专项规划，应当与历史风貌区保护规划相协调。

第十六条　历史文化风貌区保护规划应当包括下列内容：

（一）该地区的历史文化风貌特色及其保护准则；

（二）该地区的核心保护范围和建设控制范围；

（三）该地区土地使用性质的规划控制和调整，以及建筑空间环境和景观的保护要求；

（四）该地区相关历史建筑的保护要求；

（五）该地区与历史文化风貌不协调的建筑的整改要求；

（六）该地区风貌保护道路、风貌保护河道的保护要求；

（七）控制性详细规划编制规范要求的其他内容。

风貌保护街坊的保护规划应当包括前款第一项、第三项、第四项、第五项和第七项内容。

单独编制的风貌保护道路、风貌保护河道保护规划，应当包括线型或者走向、宽度、断面形式、沿线建筑等要素的保护要求和保护措施。

风貌保护道路和风貌保护河道不得擅自改变线型或者走向、宽度、断面形式。确需调整的，应当按照法定程序对相关规划进行调整。

第十七条　在历史文化风貌区核心保护范围内进行建设活动，应当符合历史风貌区保护规划和下列规定：

（一）不得擅自改变街区空间格局和建筑原有的立面、色彩；

（二）不得擅自进行新建、扩建活动。确需建造基础设施、公共服务设施、建筑附属设施或者进行历史风貌区保护规划确定的其他建设活动

的，应当经专家委员会专家论证。对现有建筑进行改建或者修缮改造时，应当保持或者恢复其历史文化风貌；

（三）不得擅自新建、扩建道路，对现有道路进行改建时，应当保持或者恢复其原有的道路格局和景观特征；

（四）不得新建工业企业，现有妨碍历史文化风貌区保护的工业企业应当有计划迁移。

第十八条　在历史文化风貌区建设控制范围和风貌保护街坊内进行建设活动，应当符合历史风貌区保护规划和下列规定：

（一）新建、扩建、改建建筑时，应当在高度、体量、色彩等方面与历史文化风貌相协调；

（二）新建、扩建、改建道路时，不得破坏历史文化风貌；

（三）不得新建对环境有污染的工业企业，现有对环境有污染的工业企业应当有计划迁移。

在历史文化风貌区建设控制范围和风貌保护街坊内新建、扩建建筑，其建筑容积率受到限制的，可以按照城市规划实行异地补偿。

第十九条　历史风貌区保护规划范围内的建设项目规划，由市规划管理部门审批。市规划资源管理部门审批时，应当征求市房屋管理部门的意见。

第二十条　历史风貌区保护规划范围内土地的规划使用性质不得擅自改变。建筑的使用性质不符合历史风貌区保护规划要求的，应当予以恢复或者调整。

第二十一条　经批准在历史文化风貌区、风貌保护街坊内以及风貌保护道路和风貌保护河道沿线设置户外广告、招牌等设施，应当符合历史风貌区保护规划的要求，不得破坏建筑空间环境和景观。现有的户外广告、招牌等设施不符合历史风貌区保护规划要求的，应当限期拆除。

第二十二条　历史风貌区保护规划范围内的建设活动，应当符合规划和技术规定的要求。确因历史风貌保护需要，建筑间距、退让、面宽、密度等无法达到本市规定的，可以经专家委员会论证后，由市规划资源管理部门确定具体规划指标。

历史风貌区保护规划范围内的建设活动，应当符合消防等有关技术标准和规范要求。确因历史风貌保护需要，无法达到规定标准和规范要求的，应当在不降低现有保护状况的前提下，经专家委员会论证后，由相关管理部门和市规划资源管理部门协商制定保护方案。

第二十三条　具有一定建成历史，能够反映历史风貌、地方特色，对整体历史风貌特征形成具有价值和意义，不属于不可移动文物或者优秀历史建筑的建筑，可以通过历史风貌区保护规划确定为需要保留的历史建筑，并由市规划资源管理部门依法向社会公示。需要保留的历史建筑的具体管理办法，由市人民政府另行制定。

第二十四条　在保护历史风貌过程中，符合公共利益确需征收房屋的，按照国家有关房屋征收与补偿的规定执行。

实施房屋征收前，区人民政府应当组织区房屋管理、规划资源等管理部门对征收范围内的优秀历史建筑和需要保留的历史建筑进行核对。

在房屋征收过程中，房屋征收部门应当按照本市相关规定，对优秀历史建筑和需要保留的历史建筑做好保护工作。

第四章　优秀历史建筑的保护

第二十五条　市规划资源管理部门应当会同市房屋管理部门提出优秀历史建筑的保护范围和周边建设控制范围，经征求有关专家和所在区人民政府的意见后，报市人民政府批准。

第二十六条　在优秀历史建筑的保护范围内不得新建建筑；确需建造优秀历史建筑附属设施的，应当报市规划资源管理部门审批。市规划资源管理部门审批时，应当征求市房屋管理部门的意见。

第二十七条　在优秀历史建筑的周边建设控制范围内新建、扩建、改建建筑的，应当在使用性质、高度、体量、立面、材料、色彩等方面与优秀历史建筑相协调，不得改变建筑周围原有的空间景观特征，不得影响优秀历史建筑的正常使用。

在优秀历史建筑的周边建设控制范围内新建、扩建、改建建筑的，应当报市规划资源管理部门审批。市规划资源管理部门审批时，应当征求市房屋管理部门和所在区人民政府的意见。

第二十八条　优秀历史建筑的保护要求，根据建筑的历史、科学和艺术价值以及完好程度，分为以下四类：

（一）建筑的立面、结构体系、平面布局和内部装饰不得改变；

（二）建筑的立面、结构体系、基本平面布局和有特色的内部装饰不得改变；

（三）建筑的主要立面、主要结构体系和有特色的内部装饰不得改变；

（四）建筑的主要立面、有特色的内部装饰不得改变。

市房屋管理部门应当会同市规划资源管理部门对每处优秀历史建筑的本体及其外部空间格局、环境要素提出具体保护要求，经专家委员会评审后报市人民政府批准。

第二十九条　市、区房屋管理部门应当做好优秀历史建筑保护的指导和服务工作。区房屋管理部门应当将优秀历史建筑的具体保护要求书面告知建筑的所有人和有关的物业管理单位，明确其应当承担的保护义务。

优秀历史建筑转让、出租的，转让人、出租人应当将有关的保护要求书面告知受让人、承租人。受让人、承租人应当承担相应的保护义务。

第三十条　市房屋管理部门应当组织区房屋管理部门定期对优秀历史建筑的使用和保护状况进行普查，并建立专门档案。普查结果应当书面告知建筑的所有人、使用人和有关的物业管理单位。

优秀历史建筑的所有人和使用人应当配合对建筑的普查。

第三十一条　禁止在优秀历史建筑上设置户外广告设施，严格控制设置其他外部设施。

在优秀历史建筑上设置户外招牌、景观照明等外部设施，改建、增设卫生、给排水或者电梯等内部设施的，应当符合该建筑的具体保护要求；设置的外部设施还应当与建筑立面相协调。

对在优秀历史建筑上设置外部设施或者改建、增设内部设施的，相关管理部门审批时，应当征求区房屋管理部门的意见。

第三十二条 优秀历史建筑的所有人和使用人不得在建筑内堆放易燃、易爆和腐蚀性的物品，不得从事损坏建筑主体承重结构或者其他危害建筑安全的活动。

第三十三条 优秀历史建筑的使用性质、内部设计使用功能不得擅自改变。

优秀历史建筑的所有人根据建筑的具体保护要求，确需改变建筑的使用性质和内部设计使用功能的，应当将方案报市房屋管理部门审核批准。市房屋管理部门在批准前应当听取专家委员会的意见；涉及改变建设工程规划许可证核准的使用性质的，应当征得市规划资源管理部门的同意。

第三十四条 优秀历史建筑的使用现状与建筑的使用性质、内部设计使用功能不一致，对建筑的保护产生不利影响的，建筑的所有人可以按照建筑的具体保护要求提出恢复或者调整建筑的使用性质、内部设计使用功能的方案，报市房屋管理部门审核批准。市房屋管理部门在批准前应当听取专家委员会的意见；涉及规划管理的，应当征得市规划资源管理部门的同意。

优秀历史建筑的使用现状与建筑的使用性质、内部设计使用功能不一致，对建筑的保护产生严重影响的，市房屋管理部门应当在听取专家委员会的意见后，作出恢复或者调整建筑的使用性质、内部设计使用功能的决定。

第三十五条 未纳入房屋征收范围内的执行政府规定租金标准的公有优秀历史建筑，因保护需要恢复、调整或者改变建筑的使用性质、内部设计使用功能，确需承租人搬迁并解除租赁关系的，出租人应当补偿安置承租人；补偿安置应当高于本市房屋征收补偿安置的标准。市人民政府可以根据优秀历史建筑的类型、地段和用途等因素制定补偿安置的指导性标准。具体补偿安置的数额，由出租人和承租人根据指导性标准和合理、适当的原则协商确定。协商不成的，经当事人申请，由所在区人民政府裁决。当事人对裁决不服的，可以依法向人民法院提起诉讼。

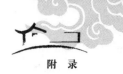

执行市场租金标准的优秀历史建筑，因保护需要恢复、调整或者改变使用性质、内部设计使用功能，致使原租赁合同无法继续履行的，其租赁关系按照原租赁合同的约定处理。无约定的，出租人应当提前三个月书面告知承租人解除租赁合同，并依法承担相应的民事责任。

优秀历史建筑恢复、调整或者改变使用性质、内部设计使用功能后，仍然用于出租的，原承租人在同等条件下享有优先承租权；用于出售的，原承租人在同等条件下享有优先购买权。

第三十六条 优秀历史建筑的所有人应当按照建筑的具体保护要求或者普查提出的要求，及时对建筑进行修缮，建筑的使用人应当予以配合，区房屋管理部门应当予以督促和指导。优秀历史建筑的所有人未履行相应的修缮义务，且情节严重的，区房屋管理部门在作出相应认定后，可以向不动产登记机构申请记载于不动产登记簿。

优秀历史建筑由所有人负责修缮、保养，并承担相应的费用；所有人和使用人另有约定的，从其约定。履行修缮义务的建筑所有人或者使用人可以向区人民政府申请资金补助。

执行政府规定租金标准的公有非居住优秀历史建筑的承租人，应当按照政府规定租金标准与房地产市场租金标准的差额比例承担部分修缮费用。

第三十七条 优秀历史建筑的所有人未按照建筑的具体保护要求及时修缮致使建筑发生损毁危险或者未定期整修建筑立面的，区房屋管理部门应当责令其限期抢救修缮或者整修。

第三十八条 优秀历史建筑的修缮应当由建筑的所有人委托具有相应资质的专业设计、施工单位实施。

优秀历史建筑的所有人应当将修缮的设计、施工方案事先报送市房屋管理部门；涉及建筑主体承重结构变动的，应当向市规划资源管理部门申请领取建设工程规划许可证。市规划资源管理部门在核发建设工程规划许可证之前，应当征得市房屋管理部门的同意。

第三十九条 优秀历史建筑的修缮应当符合国家和本市的建筑技术规

范以及优秀历史建筑的修缮技术规定。建筑的修缮无法按照建筑技术规范进行的，应当由市房屋管理部门组织有关专家和相关管理部门协调确定相应的修缮方案。

优秀历史建筑的修缮技术规定由市房屋管理部门会同市规划资源管理部门提出，经征求有关专家和相关管理部门的意见后确定。

第四十条　经市规划资源管理部门许可的建筑修缮工程形成的文字、图纸、图片等档案资料，应当由优秀历史建筑的所有人及时报送市城市建设档案馆。

第四十一条　优秀历史建筑因不可抗力或者受到其他影响发生损毁危险的，建筑的所有人应当立即组织抢险保护，采取加固措施，并向区房屋管理部门报告。区房屋管理部门应当予以督促和指导，对不符合该建筑具体保护要求的措施应当及时予以纠正。

第四十二条　依法确定的优秀历史建筑不得擅自迁移、拆除。因特殊需要必须迁移、拆除或者复建优秀历史建筑的，应当由市规划资源管理部门和市房屋管理部门共同提出，经专家委员会评审后报市人民政府批准。

迁移、拆除和复建优秀历史建筑的，应当在实施过程中做好建筑的详细测绘、信息记录和档案资料保存工作，并按本市建设工程竣工档案管理的有关规定，及时报送市城市建设档案馆。

第五章　法律责任

第四十三条　违反本条例规定，擅自或者未按批准的要求，在历史风貌区保护规划范围内或者优秀历史建筑的保护范围、周边建设控制范围内进行建设活动的，按照《上海市城乡规划条例》和《上海市拆除违法建筑若干规定》的有关规定处理。

第四十四条　违反本条例规定，未按建筑的具体保护要求设置、改建相关设施，擅自改变优秀历史建筑的使用性质、内部设计使用功能，或者从事危害建筑安全活动的，由市房屋管理部门或者区房屋管理部门责令其限期改正，并可以处该优秀历史建筑重置价百分之二以上百分之二十以下

的罚款。

第四十五条 违反本条例规定，擅自迁移优秀历史建筑的，由市规划资源管理部门责令其限期改正或者恢复原状，并可以处该优秀历史建筑重置价一到三倍的罚款。

违反本条例规定，擅自拆除优秀历史建筑的，由市房屋管理部门或者区房屋管理部门责令其限期改正或者恢复原状，并可以处该优秀历史建筑重置价三到五倍的罚款。

第四十六条 违反本条例规定，对优秀历史建筑的修缮不符合建筑的具体保护要求或者相关技术规范的，由市房屋管理部门或者区房屋管理部门责令其限期改正、恢复原状，并可以处该优秀历史建筑重置价百分之三以上百分之三十以下的罚款。

第四十七条 违反本条例规定，未及时报送优秀历史建筑修缮、迁移、拆除或者复建工程档案资料的，由市规划资源管理部门责令其限期报送；逾期仍不报送的，依照档案管理法律、法规的有关规定处理。

第四十八条 规划资源管理部门、房屋管理部门和其他有关管理部门及其工作人员违反本条例规定行使职权，有下列情形之一的，由所在单位或者上级主管机关依法给予政务处分；给管理相对人造成经济损失的，按照国家有关规定赔偿；构成犯罪的，依法追究刑事责任：

（一）违反法定程序，确定、调整或者撤销保护对象的，或者违法批准迁移、拆除优秀历史建筑的；

（二）擅自批准在历史风貌区保护规划范围内、优秀历史建筑的保护范围内从事违法建设活动，或者违法批准改变优秀历史建筑的使用性质、内部设计使用功能的；

（三）对有损保护对象的违法行为不及时处理的；

（四）其他属于玩忽职守、滥用职权、徇私舞弊的。

第四十九条 当事人对行政管理部门的具体行政行为不服的，可以依照《中华人民共和国行政复议法》或者《中华人民共和国行政诉讼法》的规定，申请行政复议或者提起行政诉讼。

第六章　附则

第五十条　本市历史文化名镇名村的保护，按照国家和本市有关规定执行。

第五十一条　本条例自 2003 年 1 月 1 日起施行。

参考文献

［1］Bandarin F，Van Oers R. The historic urban landscape：managing heritage in an urban century ［M］. UK：Newcastle University，2012.

［2］陈飞，阮仪三. 上海历史文化风貌区的分类比较与保护规划的应对 ［J］. 城市规划学刊，2008（2）.

［3］上海市城市建设档案馆编.. 城市的记忆 ［M］. 上海：上海人民出版社，2014.

［4］上海市历史文化风貌区一览. 上海市地方志办公室主办 ［DB/OL］2018−07−09 ［2021−7−16］http：//www. shtong. gov. cn/node2/n189664/n189103/n189149/index. html.

［5］伍江，王林. 历史文化风貌区保护规划编制与管理：上海城市保护的实践 ［M］. 上海：同济大学出版社，2017.

［6］（英）卡门·哈斯克劳，英奇·诺尔德，格特·比科尔著. 格雷汉姆·克兰普顿. 文明的道路——交通稳静化指南 ［N］. 郭志锋，陈秀娟译. 北京：中国建筑工业出版社，2008.

［7］李燕，司徒尚纪. 近年来我国历史文化名城保护研究的进展 ［J］. 人文地理. 2001，16（5）：44−48.

［8］沙永杰，张晓潇. 上海徐汇区风貌道路保护规划与实施探索10年回顾 ［J］. 城市发展研究. 2019，26（2）：66−73.

[9] 阮仪三. 我国历史文化名城的保护 [J]. 城市发展研究. 1996 (1)：14−17.

[10] 阮仪三，王景慧，王林. 历史文化名城保护理论与规划 [M]. 上海：同济大学出版社，1999.

[11] 邵甬. 从"历史风貌保护"到"城市遗产保护"——论上海历史文化名城保护 [J]. 上海城市规划. 2016 (5)：1−8.

[12] 邵甬，阮仪三. 市场经济背景下的城市遗产保护——以上海市卢湾区思南路花园住宅区为例 [J]. 城市规划汇刊，2003 (2)：39−43.

[13] 由宗明. 这里是上海：建筑可阅读 [M]. 上海：上海人民出版社，2020.

[14] 王景慧. 中国历史文化名城的保护概念 [J]. 城市规划汇刊，1994 (4)：12−17.

[15] 郑祖安. 近代上海"花园洋房区"的形成及其历史特色 [J]. 社会科学，2004 (10)：92−100.

[16] 张松. 上海城市遗产的保护策略 [J]. 城市规划，2006，30 (2)：49−54.

[17] 庄少勤. 上海城市更新的新探索 [J]. 上海城市规划，2015 (5)：10−12.

[18] 周霏. 历史建筑的文化保护与精细化管理——以日本神户异人馆为例 [J]. 建筑与文化，2018 (06)：95−96.

[19] 周霏，李瑾，交通稳静化在历史街区中的实施可行性研究 [J]. 城市规划，2018，42 (08).

[20] 周霏. 超大城市周边传统村落更新与历史风貌保护——以上海泗泾镇下塘村为例 [J]. 建筑与文化，2018 (11)：98−99.

后 记

改革开放以来，中国的城市规划经过了一系列的"拆改建"工程，尤其是在"魔都"上海，城市建设更是日新月异。在城市发展的过程中，历史街区作为城市历史文化的见证，我们有必要将其历史风貌、人文氛围、市井文化完整地保留下来。要使历史街区中的人、建筑和街道空间适应城市的更新和社会的变迁，不仅需要政策制定者的抉择，而且需要社会多方的共同参与。在高度城市化和人口规模膨胀的今天，城市治理的议题越来越被学术界和政府部门重视，而将历史街区作为城市的一部分，以建立起"以人为本"的协同管理机制，一直是我研究的初衷。

《上海市城市总体规划（2017—2035 年）》提出，要建设令人向往的国际文化大都市，形成上海城市历史文化与城乡特色风貌保护的体系研究，不断探索历史保护和风貌建设的创新机制。韩正在中共上海市第十一次代表大会上描述上海未来愿景时指出：上海要建设"令人向往的卓越的全球城市"，着力打造创新之城、人文之城、生态之城。其中，人文之城是公正包容、更富魅力的城市。中外文化交相辉映，现代和传统文明兼收并蓄，建筑是可阅读的，街区是适合漫步的，公园是最宜休憩的，市民是遵法守法与诚信文明的，城市始终是有温度的。

2019 年 11 月，习近平总书记在上海杨浦区滨江公共空间考察时提出，这里原来是老工业区，见证了上海百年工业的发展历程。如今，"工业锈带"变成了"生活秀带",人民群众有了更多幸福感和获得感。人民城市人民建,人民城市为人民。在城市建设中,一定要贯彻以人民为中心的发展思想,合理安排生产、生活、生态空间,努力扩大公共空间,让老百姓有休闲、健身、娱乐的地方,让城市成为老百姓宜业宜居的乐园。城市是人民的城市,在城市更新的过程中只有践行"以人为本"的理念,才能得到永续的发展。

在上海城市发展过程中,政府不断地在摸索城市历史文化和城乡特色风貌的保护机制和保护方法。历史文化风貌区的保护资金大部分来自政府,要形成可持续的发展机制,除了依靠政府的努力外,应引入社会力量参与城市历史文化风貌区的保护,并出台更加积极的激励措施,以提高公众参与的积极性。从2020年8月起,上海市政府发起了"建筑可阅读"的历史建筑寻访活动,让市民和游客能够走进城市的历史,触摸城市的文化印记。

城市的历史街区和历史建筑不仅承载着城市的记忆,而且也是城市的名片。每一位市民自觉自律地形成保护意识,从而真正构建起政府、市民和社会团体的多方参与、协同合作的历史街区和历史建筑的保护与管理机制。

最后,感谢上海工程技术大学著作出版专项基金和中国博士后科学基金对本书的出版和研究给予的大力支持,也感谢长期以来在生活和科研方面一直支持和帮助我的家人、朋友和同事。"路漫漫其修远兮,吾将上下而求索。"今后,笔者将继续在历史街区保护和治理的科研道路上砥砺前行、不断努力。

笔者

二○二一年秋